EPLAN Preplanning
官方教程

覃　政　吴爱国　刘文龙　编著

机械工业出版社

EPLAN Preplanning（中文名为易盼预规划）是一款项目前期预规划设计和过程仪表设计的软件，其作为 EPLAN 软件平台的重要组成部分，是对于 Electric P8 原理图详细设计的重要补充。它既丰富了 EPLAN 平台设计应用的覆盖面，也丰富了工程项目设计的多样性，是一款极具特点的软件。

本书基于实际工程设计流程，从软件的基本术语、概念以及在典型工程设计中的常见应用与操作入手，旨在帮助 EPLAN 预规划用户解决软件的基础操作与基础应用，帮助客户从零开始创建属于自己的工程项目。EPLAN Preplanning 软件常用的应用场景包括流程行业的 P&ID 设计；楼宇自动化相关的暖通、给水排水、消防、供配电及弱电设计；项目初期的前端工程设计（FEED）、基础工程设计（BED）以及产线和设备的规划方案设计，项目报价设计；开关柜、自动化柜项目的布局方案设计；设计参数、工程参数批量导入 EPLAN 系统，并进行后续使用的设计。除上述 5 种主要使用场景外，EPLAN Preplanning 还可以基于生产需要，为更多的工业领域提供设计解决方案。

本书适用于企业工程设计人员、高等院校相关专业师生使用。

图书在版编目（CIP）数据

EPLAN Preplanning官方教程 / 覃政，吴爱国，刘文龙编著. — 北京：机械工业出版社，2023.3

ISBN 978-7-111-72339-4

Ⅰ.①E… Ⅱ.①覃…②吴…③刘… Ⅲ.①电气设备–计算机辅助设计–应用软件–教材 Ⅳ.①TM02–39

中国国家版本馆CIP数据核字（2023）第010686号

机械工业出版社（北京市百万庄大街22号 邮政编码：100037）
策划编辑：刘琴琴　　　　　　责任编辑：刘琴琴　舒　宜
责任校对：李　杉　张　征　　封面设计：王　旭
责任印制：常天培
天津嘉恒印务有限公司印刷
2023年4月第1版第1次印刷
169mm × 239mm · 19.25印张 · 339千字
标准书号：ISBN 978-7-111-72339-4
定价：65.00元

电话服务　　　　　　　　　网络服务
客服电话：010-88361066　机　工　官　网：www.cmpbook.com
　　　　　010-88379833　机　工　官　博：weibo.com/cmp1952
　　　　　010-68326294　金　书　网：www.golden-book.com
封底无防伪标均为盗版　机工教育服务网：www.cmpedu.com

序

中国是工业制造大国，依托于政府的政策导向，在工业集群化发展的背景下，中国是唯一拥有联合国产业分类中所列全部工业门类的国家。中国工业增加值占GDP比重在过去十年中均保持在40%左右的份额。截至2021年，中国全部工业增加值达37.3万亿元人民币，占全球工业增加值的25%。在此背景下，中国工业对于整体经济的影响将持续增长。中国也在从工业大国走向工业强国，作为可赋能传统工业或制造业数字化升级的智能制造正处于需求提升阶段，其重要性与必要性越发凸显。由工业和信息化部、国家发展和改革委员会等八个部门联合印发的《"十四五"智能制造发展规划》中明确指出，要加快系统创新，增强融合发展新动能，加强关键核心技术攻关并加速智能制造装备和系统的推广应用。到2035年，规模以上制造业企业将全面普及数字化。

在这样的时代背景下，EPLAN公司以"帮助客户成功"为基本出发点，针对性地提出基于EPLAN Experience的服务方法论。本套系列教程充分融入数字化的市场需求特性，从企业的IT架构、平台设置、标准规范、产品结构、设计方法、工作流程、过程整合、项目管理八个方面来诠释如何运用EPLAN确保企业项目成功实施。

本套系列教程的创新点如下：

首先，新版教程着眼于当下的时代背景，融入了基于数字化设计的智能制造特性。纵向上，新版教程的内容涉及工程项目规划、项目报价、系统概要设计、电气原理设计、液压和气动原理设计、三维元器件布局设计、三维空间布线设计、高质量工程文件的输出、生产加工文件的输出、工艺接线指导文件的输出、设备运维的操作指导等。横向上，新版教程可适用的范围包括电气设计工程师对软件操作方法的学习、研发部门对设计主数据的管理、企业标准化和模块化的基础战略规划、企业智能制造的数字化驱动、基于云的企业上下游工业数字化生态建设等。

其次，新版教程采用"项目导航"式学习方式代替以往的"入门培训"式学习方式，充分结合项目的执行场景提出软件的应对思路和解决措施。在风格上，新版教程所用截图将全面采用 EPLAN Ribbon 的界面风格，融入更多的现代化视觉感受。在形式上，新版教程都增加了大量的实战项目，读者可以跟随教程的执行步骤最终完成该项目，在实践中学习和领会 EPLAN 的设计方法以及跨学科、跨专业的协同。

再次，在内容上，除了包括大家耳熟能详的 EPLAN Electric P8、EPLAN Pro Panel、EPLAN Harness ProD 三款产品之外，还增加了 EPLAN Preplanning 的教程内容，读者可学习 P&ID、仪器仪表、工程规划设计、楼宇自动化设计等多元素设计模式。在知识面上，读者将首次通过 EPLAN 的教程学习预规划设计、电气原理设计、机柜布局布线设计、设备线束设计、可视化生产和数字化运维的全方位数字化体系，充分体验 EPLAN 为制造型企业所带来的"数字化盛宴"。在设计协同上，读者不仅可以利用 EPLAN 的不同产品从不同视角实现跨专业、跨学科的数据交互，还可以体验基于 EPLAN 云平台技术实现跨地域、跨生态的数字化项目状态跟进和修订信息共享及管理，提升设计效率，增强项目生命周期管理能力。

取法乎上，仅得其中；取法乎中，仅得其下。EPLAN 一直以"引领高效工程设计，助力中国智能制造"为愿景，通过产品和服务助力企业的高效工程设计，实现智能制造。

本套系列教程是 EPLAN 中国专业服务团队智慧的结晶，所用的教学案例均源自于服务团队在为客户服务过程中所积累的知识库。为了更好地帮助读者学习，我们随教程以二维码链接的方式为读者提供学习所需的主数据文件、3D 模型、项目存档文件等。相信本套系列教程将会帮助广大读者更科学、更高效地学习 EPLAN，充分掌握数字化设计的技能，为自己的职业生涯增添厚重而有力的一笔！

易盼软件（上海）有限公司，大中华区总裁

前　言

EPLAN 隶属于 Friedhelm Loh Group，在全球拥有超过 1100 名员工，超过 50 个分支机构。依赖于其百万级工程设计元器件云平台，19 种语言，近 300 个全球生产商，80 个国家，20 万工程用户，每月有百万次下载量，EPLAN 作为全球领先的工程设计制造方案提供商，是机电一体化软件领域的行业领导者，同时引领工程设计自动化云战略。EPLAN 软件从诞生之初便随着全球工业化进程逐渐优化与完善，至今已成为业内最全面的机电一体化系统工程解决方案。

EPLAN 机电一体化系统工程解决方案中最被广泛熟知的工具为 EPLAN Electric P8，它是电气设计的核心工具。除此之外，解决方案还将流体、工艺流程、仪表控制、柜体设计及制造、线束设计等多种专业的设计和管理统一扩展，实现了跨专业、多领域的集成与协同设计。在此解决方案中，无论做哪个专业的设计，都使用同一个图形编辑器，调用同一个元器件库，使用同一个翻译字典，形成面向自动化系统集成和工厂自动化设计的全方位解决方案。具体包含的工具和解决方案如下：

> EPLAN Experience：基于 PRINCE2 的高效、低风险实施交付方法论。

> EPLAN Preplanning：用于项目前期规划、预设计及面向自控仪表过程控制的设计工具。

> EPLAN Electric P8：面向电气及自动化系统集成的设计工具。

> EPLAN Smart Wiring：高效、精准的智能布线工具。

> EPLAN Fluid：液压、气动、冷却和润滑设计工具。

> EPLAN Pro Panel：盘柜 3D 设计，仿真工具。

> EPLAN Harness proD：线束设计和发布工具。

> EPLAN Cogineer：模块化配置式设计和自动发布工具。

> EPLAN Data Portal：在线即时更新的海量元器件库。

> EPLAN ERP/PDM/PLM Integration Suite：与 ERP/PDM/PLM 知名供应商的标准集成接口套件。

➤ EPLAN Cloud：EPLAN 云解决方案。

为了帮助国内从事机电一体化相关研发设计工作的读者系统学习基于 EPLAN 机电一体化设计技术的系列设计工具，EPLAN 国内专业服务团队针对上述所有 EPLAN 解决方案或产品撰写了 EPLAN Solution 指导教程。

本书归纳总结了预规划软件在应用和实施过程中所涉及的多种设计方法和设计场景，尽可能地贴近中国用户的应用习惯，使得本书既具备操作指导意义，也具备工程参考意义。因此，本书由浅入深，先从基本概念入手，逐步深化到各个应用场景，让用户对预规划软件有更加良好的掌握。

本书的章节概览如下：

第 1 部分，概念介绍，第 1~5 章。本部分主要介绍 EPLAN 预规划软件中的常规使用功能、术语及概念，主要包括项目预规划、PPE 数据导入、预规划项目创建、P&ID 设计等内容。其中大部分的概念、术语及功能的表达主要来源于 EPLAN 帮助系统，读者可以进入 EPLAN 帮助系统进行查阅。

第 2 部分，高效设计简介，第 6~11 章。本部分主要以几种不同类型项目的常规设计为基础，介绍通过 EPLAN 预规划软件进行设计准备及设计的方法。将业务流程中的规划报价、P&ID 设计、仪表工程设计、电气系统一次图和二次图设计、楼宇自动化设计等内容整合在 EPLAN 平台上，实现跨专业、跨部门、多人参与的协同设计，将数据在不同设计阶段、不同设计部门间打通，使得所有在 EPLAN 平台上的设计数据都能得到最大化的管理与应用。

本书不再对项目创建、项目模板创建、图框创建、报表模板创建、报表样式自定义、设计符号创建、块属性使用、部件创建等方法做过多的介绍，因为这些内容及操作的具体细节，已在《EPLAN Electric P8 官方教程》及《EPLAN 高效工程精粹官方教程》两本书中有相应的介绍，请读者自行查阅与参考。

书中若有疏漏和不足，恳请广大读者批评指正！

编著者

目　录

第 2 部分　高效设计简介

第1部分　概念介绍

第 1 章
预规划软件安装

本章对 EPLAN Preplanning 软件的下载、安装环境和安装过程进行详细的讲解。因为 EPLAN Preplanning 与 EPLAN Electric P8 等软件共享同一平台，因此它们的安装过程十分类似。

需要注意的是，Preplanning 需要单独的授权才能够在 EPLAN 平台正常使用，因此需要用户在使用之前，关注自身的授权是否包含 Preplanning。

1.1 准备工作

首先在 EPLAN 软件官方网站下载相应的软件安装包，请通过浏览器进入：https://www.eplan.cn/。在网页界面中单击左侧的【支持与服务】→【资讯下载】，登录 EPLAN 官网，如图 1-1 所示。

滚动页面至如图 1-2 所示界面，在 Dongle ID 和 Customer ID 栏位中依次输入加密狗序列号和客户号，若忘记了其中一个号码，请联系当地易盼软件公司的销售人员，或拨打客服

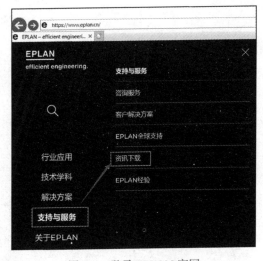

图 1-1 登录 EPLAN 官网

热线 4008202289 进行查询。

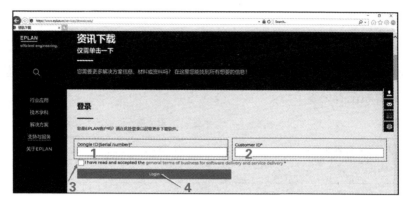

图 1-2　登录官网的下载中心

登录 EPLAN 软件官网下载中心后，滚动页面，依次下载 EPLAN Electric P8 和 EPLAN Preplanning 两款软件，如图 1-3 所示。

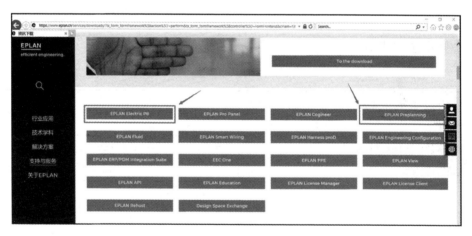

图 1-3　下载相关软件

根据网站系统提示，下载 EPLAN Electric P8 和 EPLAN Preplanning 的软件安装包，并将这两款软件分别解压至各自的文件夹。

1.2　软件安装环境要求

EPLAN 软件公司建议用户所配置的计算机硬件及软件环境不低于以下推荐配置（操作系统建议采用专业版、企业版及以上版本，不推荐使用家庭版）。

1.2.1 计算机硬件及网络要求

硬件要求:

计算机平台需是配有 Intel Core i5、i7、i9 或兼容处理器的个人计算机。选择速度较快的具有更少 CPU 内核的处理器,而不选择具有更多 CPU 内核的速度较慢的处理器。计算机配置见表 1-1。

表 1-1 计算机配置

工作计算机的推荐配置处理器	多核 CPU,不超过 3 年
内存	8 GB
硬盘	500 GB
显示器 / 图像分辨率	双显示器,分辨率至少 1280×1024 像素,建议 1920×1080 像素
3D 显示	带有当前 OpenGL 驱动程序的 ATI 或 Nvidia 显卡

网络要求:

网络配置见表 1-2。

表 1-2 网络配置

建议使用 Microsoft Windows 网络,服务器的网络传输速率	1 Gbit/s
客户端计算机的网络传输速率	100 Mbit/s
建议等待时间	< 1ms

1.2.2 操作系统

EPLAN 平台支持 64 位版本的 Microsoft 操作系统 Windows 10,所安装的 EPLAN 语言必须受操作系统支持,比如 Microsoft Windows 10(64 位)Pro、Enterprise 版 1809、1903、1909、2004、20H2。

进行 EPLAN 软件安装之前,请先确认操作系统已安装 Microsoft 的 .NET Framework 框架,且版本不低于 4.7.2。

若不确定操作系统是否已正确安装 Microsoft 的 .NET Framework 4.7.2 框架,请在 EPLAN Electric P8 或 EPLAN Preplanning 软件的安装包中找到 Microsoft .NET Framework 4.7.2 安装包存放位置(见图 1-4),并手动进行安装。

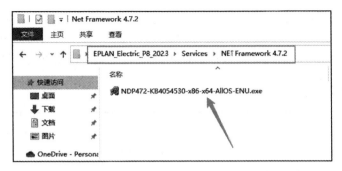

图 1-4　Microsoft .NET Framework 4.7.2 安装包存放位置

若系统提示如图 1-5 所示对话框，则意味着操作系统已安装了符合 EPLAN 软件运行的 Microsoft 的 .NET Framework 框架。否则，请按照系统提示连续单击【下一步】按钮，直至完成 Microsoft 的 .NET Framework 框架。

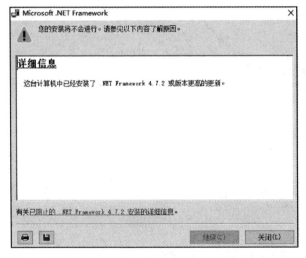

图 1-5　操作系统已具备 Microsoft 的 .NET Framework 框架

1.3　软件安装

预规划软件根据设计场景的不同，可分为独立版安装和插件版安装两种：

1）独立版安装：仅用于 P&ID 设计或仅预规划报价设计。

2）插件版安装：用于独立安装版的全部需求、仪表工程设计、HVACP&ID 设计、电气工程设计、PLC 工程设计、火灾消防工程设计、铁路信号工程设计等。

1.3.1 预规划独立版安装

找到第 1.1 节中已解压完成的 EPLAN Preplanning 安装包文件夹，并单击如图 1-6 setup.exe 文件，如图 1-6 所示。

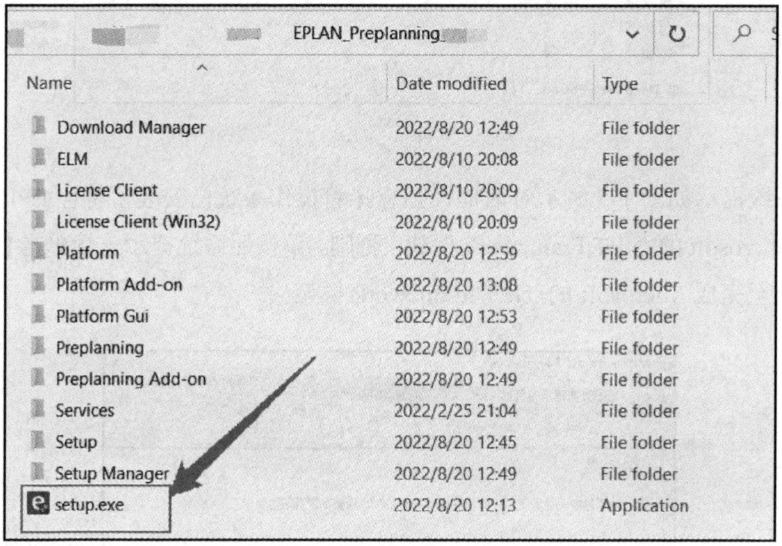

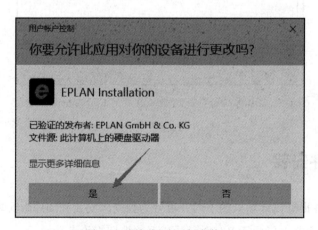

图 1-6　预规划独立版安装 -1

在如图 1-7 所示的提示框中，单击【是】按钮。

图 1-7　预规划独立版安装 -2

在如图 1-8 所示对话框中，选择 Preplanning，并单击【继续】按钮。

图 1-8　预规划独立版安装 -3

在如图 1-9 所示的界面中确认版权信息，单击【继续】按钮。

图 1-9　预规划独立版安装 -4

在如图 1-10 所示的对话框中，修改公司标识，建议采用公司英文缩写，不要使用中文。

请根据设计时的实际情况选择测量单位，这里测量单位选择 mm。

建议用户单独为数据设置存储路径。

以上信息设置完毕后，单击【继续】按钮。

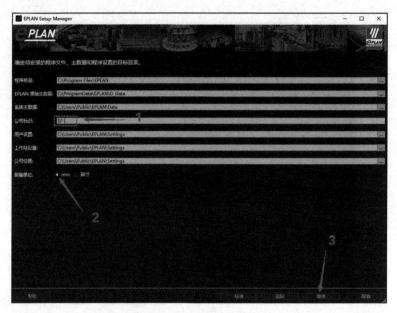

图 1-10　预规划独立版安装 -5

　　在如图 1-11 所示的对话框中，确认【程序功能】列表框和【主数据类型】列表框中所有项都已勾选，并在【界面语言】列表框中至少勾选【简体中文（中国）】复选框，【激活】选项选择【简体中文（中国）】。

图 1-11　预规划独立版安装 -6

这些信息确认正确后，单击【安装】按钮。

等待安装完成，单击"完成"按钮即可。

1.3.2　预规划插件版安装

找到在 1.1 节中已解压完成的 EPLAN Electric P8 安装包文件夹，先安装 EPLAN Electric P8 软件，并单击 setup.exe 文件，如图 1-12 所示。

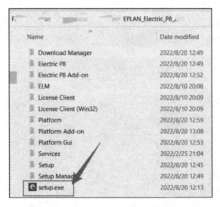

图 1-12　预规划插件版安装 -1

在弹出的如图 1-13 所示的界面中，确认当前安装的软件为 EPLAN Electric P8，确认后，单击【继续】按钮。

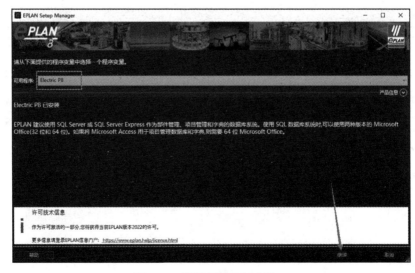

图 1-13　预规划插件版安装 -2

之后的软件安装操作指导，请按照图 1-9~ 图 1-11 所示操作，直至 EPLAN Electric P8 软件安装完成。

接下来，找到在 1.1 节中已解压完成的 EPLAN Preplanning 安装包文件夹，并单击 setup.exe 文件，如图 1-6 所示。在弹出的如图 1-14 所示的对话框中选择【Preplanning Add-on】，单击【继续】按钮。

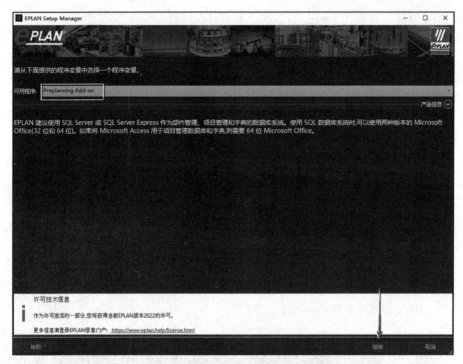

图 1-14   预规划插件版安装 -3

之后的软件安装操作指导，请按照图 1-9~ 图 1-11 所示操作，直至 EPLAN Preplanning 插件版软件安装完成。

本书中所有的操作讲解均按照 EPLAN Electric P8 专业版独立安装版和 EPLAN Preplanning 专业版插件版的软件环境进行介绍和讲解。

第 2 章
项目预规划

项目预规划是 EPLAN Preplanning 的核心功能之一。与原理图设计不同，预规划设计具有独特的设计元素，这些内容需要用户了解并掌握。本章将介绍这些实现预规划功能的核心要素及其创建的方法，以便后续在创建与规划项目时能够快速地调用。

2.1 概念介绍

通过 EPLAN 平台的预规划软件，用户将可以在项目前期针对设计的技术方案进行初步规划，这些规划方案会随着设计工作的开展而不断地进行扩充和传递，直至项目交付。

例如，在一个机器／生产设备的工程设计过程中有几个不同的阶段，其中包括初步草图和规划工作、详细设计工作、材料清单统计工作等。EPLAN 的预规划软件在该项目开始时就能帮助用户从创建方案开始，不断地对方案进行设计、完善与细化，直至最终完成生产和机器制造所必需的所有设计文件、文档和信息。

之所以在项目预规划的阶段中，针对机器／生产设备的技术要求拟订方案，并预计元器件、安装件等数量，其目的在于确定最有利的技术方案，并针对随后的详细设计定义默认规则。因此，基于预规划方案，之后方可进行原理图创建和生产设备的详细设计工作。

项目预规划的典型任务包括以下内容：

1）定义和描述机器/生产设备装配或生产区域，并将其细分为合理的工艺阶段（结构）和设备单位。

2）创建图形总览，作为项目开始的规划基础。

3）为暂时尚无法详细定义的工艺阶段、设备功能或组件进行定义预留。

4）初步定义工艺阶段中的设备组成和元器件数量，可预估用水、用电、用气、I/O 等数据量信息。

5）初步创建设备表、材料表、能源消耗需求，以便报价、备货计算和数据信息量化的统计。

在预规划中可完成机器/生产设备的初步构建。EPLAN 平台中预规划的工作对话框为预规划导航器，在此对话框中可创建和编辑工艺阶段、机器结构或生产设备结构等。此时，预规划中所使用的结构划分不需与以后的项目结构相同。此结构是一个对应于工艺阶段、生产顺序、流程的生产结构，此结构也可对应于以后的（功能）项目结构。在之后的详细设计图设计过程中，预规划可以作为创建原理图的基础模板。预规划工艺段如图 2-1 所示，该工艺段为磨床工艺。

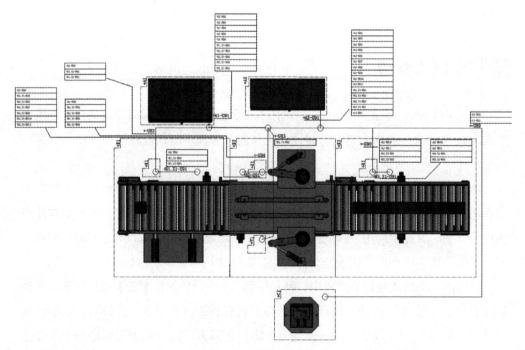

图 2-1　预规划工艺段

预规划导航器中可以对以下信息进行管理，预规划导航器如图 2-2 所示：

1）可以显示和编辑已在项目中定义的结构段和规划对象，并可创建新的结构段。

2）可以在预规划导航器的树形结构中通过定义链接关系，将链接内容指向已存在的其他结构段。

3）在预规划导航器中的数据可以根据设计管理的需要，将其输出到报表中，如可以用于统计材料或用于价格计算和费用计算等。

4）可以为某一个设备定义具体的部件，或者仅为其定义功能模板，其中包含设计符号的选取。

5）可以创建包含项目或预规划结构的预规划宏。

6）可以为规划对象分配一个宏，该宏通常包含占位符对象信息。在占位符对象中可以为其分配规划对象的属性。

7）可以从预规划中通过拖放规划对象，进行详细设计图（原理图）创建工作。

8）可以在原理图中的组件上显示链接的规划对象的属性，包括为其分配的工艺段、结构段信息（该信息有别于项目结构）。

图 2-2　预规划导航器

9）可以在页类型为【预规划】的页中以图形的形式进行预规划设计。

10）当图纸中的设计功能与规划对象具有链接关系时，可以通过项目设置保护这些功能，不被单独修改或删除。

11）用户可以自定义结构段定义及属性，可以按照设计及规划方案的需要对预规划的内容进行调整。

2.2　预规划设计的基本构成

2.2.1　基本要求

通过使用【结构段】在预规划导航器中进行结构创建，并将这些【结构段】按照工艺要求、产线要求、设备组成要求等对【规划结构段】和【规划对象】进行创建与管理。

创建新的结构段如图 2-3 所示。在预规划导航器中选中项目名称，右击，在弹出的菜单中选择【新的结构段】命令。

选择需要创建的结构段类型。在【选择结构段定义】对话框中选择【常规结构段】，如图 2-4 所示。

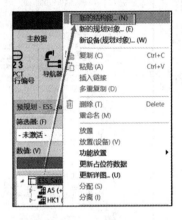

图 2-3   创建新的结构段   图 2-4   选择结构段类型

填写结构段的属性信息。例如，在【属性（元件）：结构段】对话框的【常规结构段】选项卡中，【名称】栏填写【T01】，在【描述】栏填写【测试专用的结构段】，完善结构段信息如图 2-5 所示。

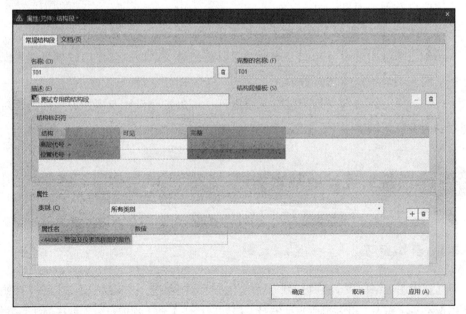

图 2-5   完善结构段信息

当完成名称和描述信息填写后，可单击【应用】按钮进行数据保存，最后单击【确定】按钮完成并关闭该对话框。

操作建议：

1）【名称】栏：采用英文或英文加数字的方式进行命名，不建议采用中文、特殊字符等。

2）【描述】栏：可采用中文、特殊字符等信息对【名称】栏进行补充说明与描述。

3）【结构标识符】栏：可将该结构段与项目结构进行对应，此时，可在【高层代号】和【位置代号】中输入或选择相应的项目结构。

2.2.2　规划对象

规划对象是指在预规划中所定义的一个机器/生产设备的一个部分。规划对象可以描述一个设备，且与该设备的功能有关。在这里，"某个设备"既可以代表一个机器/生产设备（如一个输送带的电机），也可以代表该设备的一个功能（如设计符号、I/O需求等）。如图2-2"预规划导航器"中的EU 101，其中既包含了设备的信息，也包含了设备的功能。

创建规划对象，可按如下操作进行。在预规划导航器中，选择需要新建规划对象的结构段，如选择T01结构段，在该结构段上右击，在弹出的菜单中选择【新的规划对象】命令，创建新的规划对象如图2-6所示。

在弹出的【选择结构段定义】对话框中，选择需要创建的规划对象，它可以是显示列表中的任意一种。例如，选择【规划对象】→【常规规划对象】命令，并单击【确定】按钮，创建常规规划对象如图2-7所示。

在弹出的【属性（元件）：规划对象】对话框的【常规规划对象】属性配置卡中依次填入相关规划对象的名称、描述、技术描述等信息。例如，在【名称】栏填写设备的编号【E01】，在【描述】栏填写设备的描述信息【1#电机】，在【技术描述】栏填写有关该设备的技术参数信息【5kW

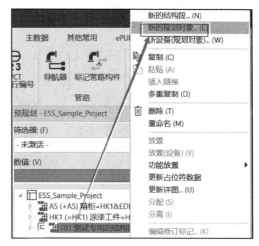

图2-6　创建新的规划对象

功率三相电机】如图 2-8 所示。

图 2-7   创建常规规划对象

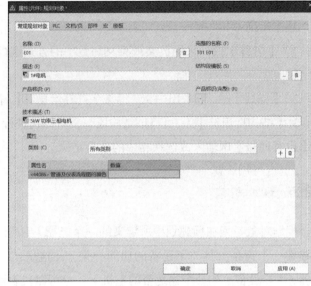

图 2-8   填写【常规规划对象】属性配置卡

信息输入完成后，单击【应用】按钮保存，最后单击【确定】按钮可关闭当前对话框。

操作完成后，创建规划对象示意如图 2-9 所示。

操作建议：

1）【名称】栏：采用英文或英文加数字的方式进行命名，不建议采用中文、特殊字符等。

2）【描述】栏：可采用中文、特殊字符等信息对【名称】栏进行补充说明与描述。

3）【技术描述】栏：可针对当前该设备的技术特性进行描述说明。

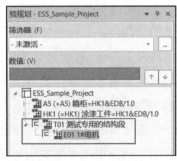

图 2-9   创建规划对象示意

4）其他选项卡：例如，【PLC】【部件】等，用户可根据实际设计需要进行填写。其中，【部件】选项卡可直接将部件库中的设备选入当前规划对象中。

5）每一个选项卡中填入的信息均可作为图纸、报表中需要显示及引用的设计信息。

2.2.3   PCT 回路

工艺控制技术（Process Control Technology，PCT）回路方案在生产设备设计范围内不仅可参考德国工业标准（DIN）和国际标准化协会（ISA）标准，而且还可遵循国际过程工业自动化用户协会（NAMUR）的推荐标准（如 NA 50）进行设计，通过预规划导航器构建相关的 PCT 生产设备。因此，可以在预规划导航器中创建、编辑和管理结构段、PCT 回路、PCT 回路功能、容器和常规规划对象。

1）在预规划中将 PCT 回路视为常规规划对象进行管理，PCT 回路的特性类似于常规规划对象。在 PCT 回路上可以保存宏，但无法保存部件或功能模板。PCT 回路是指控制回路或用电设备回路。PCT 回路分类如图 2-10 所示。

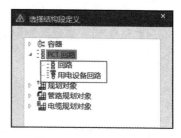

2）也可用一次测量（MSR）回路或二次测量（EMSR）回路来说明 PCT 回路。EMSR 可用于电子、测量、控制和调节技术。一般在 EPLAN 中使用 PCT 回路概念。

图 2-10　PCT 回路分类

3）PCT 回路编号。借助 PCT 回路编号和 PCT 回路的代号可以在生产设备结构中识别 PCT 回路。与常规规划对象不同，PCT 回路具备附加属性。由这些属性自动组成 PCT 回路编号，典型【属性（元件）：PCT 回路】对话框如图 2-11 所示。PCT 回路附加属性如下：

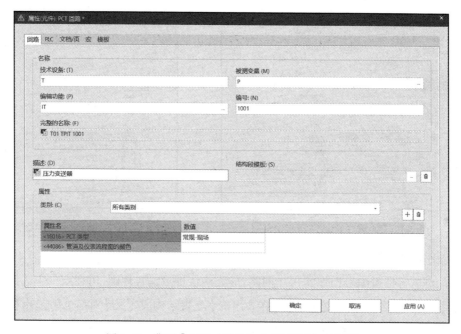

图 2-11　典型【属性（元件）：PCT 回路】对话框

①技术设备：通过此属性可选择为 PCT 回路再分配一个标识字母，如 T（transmitter）表示变送器。

②被测变量：此属性描述了 PCT 回路的程序变量，如 P 表示压力。

③编辑功能：一个 PCT 回路可具有多个编辑功能。编辑功能是通过 PCT 回路进行功能编辑的功能，如 IT 表示带有指示功能的变送器。

④编号：此 PCT 回路编号组成部分在 EPLAN 中是必需的。此编号可系统地对 PCT 回路从头到尾编号，如果需要，还可对带有相同的被测变量和相同的编辑功能的 PCT 回路进行区分，如 1001 表示设备在图纸中的序号。

PCT 回路的编号在对 PCT 回路进行复制和粘贴操作的过程中可根据结构段定义的配置自动得到一个顺序编号。同样，在预规划导航器中可对 PCT 回路进行重新编号。当编号设置内的这些属性被确定为【标识性】时，该编号过程才会考虑影响其他 PCT 回路编号的序号（如被测变量）。

例如，可批量地对某一个结构段下的所有 PCT 回路进行统一编号，或选定某一些 PCT 回路，对它们进行批量编号操作，以对某一结构段下的 PCT 回路进行统一编号，如图 2-12 所示。

按照默认配置进行 PCT 回路批量编号效果如图 2-13 所示。

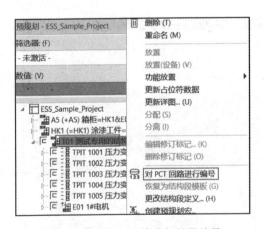

图 2-12　对 PCT 回路进行批量编号

图 2-13　PCT 回路批量编号效果

操作建议：

1）对进行批量编号操作的 PCT 回路，应先确认批量编号规则，可在菜单中选择【预规划】→【配置结构段定义】命令，在弹出的【配置结构段定义】对话框中选择【PCT 回路】→【回路】，然后在【编号 / 有效性】选项卡中进行设置即可。定义 PCT 回路批量编号规则如图 2-14 所示。

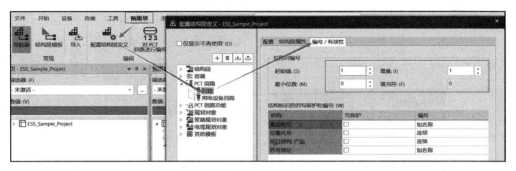

图 2-14　定义 PCT 回路批量编号规则

2）【技术设备】、【被测变量】、【编辑功能】、【编号】栏：采用英文或英文加数字的方式进行命名，不建议采用中文、特殊字符等。

3）【描述】栏：可采用中文、特殊字符等信息对【名称】进行补充说明与描述。

4）其他选项卡：如【PLC】等，用户可根据实际设计需要进行填写。

5）每一个选项卡中写入的信息均可作为图纸、报表中需要显示及引用的设计信息。

2.2.4　PCT 回路功能

PCT 回路功能描述了 PCT 回路的一个或部分功能。在此可能涉及一个测量功能或一个用电设备功能，它是 PCT 回路的子级功能。因此，创建 PCT 回路功能时，应在 PCT 回路下进行创建。在 PCT 回路【TPIT1001 压力变送器】项上右击，在弹出的菜单中选择【新的规划对象】命令，如图 2-15 所示。

PCT 回路功能分类如图 2-16 所示。

PCT 回路功能创建后的样式如图 2-17 所示。

图 2-15　创建 PCT 回路功能

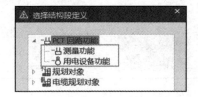

图 2-16 PCT 回路功能分类　　　　图 2-17 PCT 回路功能创建后的样式

同样，对 PCT 回路功能，也可以采用批量编号的操作方法。对 PCT 回路功能进行批量编号如图 2-18 所示。选择一组 PCT 回路功能，或选择一个 PCT 回路（它包含待批量编号的 PCT 回路功能），右击，在弹出的菜单中选择【对 PCT 回路进行编号】命令。

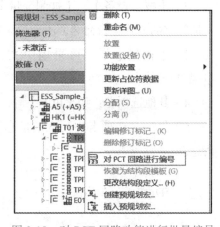

操作建议：

1）对进行批量编号操作的 PCT 回路，应先确认批量编号规则，可在菜单中选择【预规划】→【配置结构段定义】命令，在弹出

图 2-18　对 PCT 回路功能进行批量编号

的【配置结构段定义】对话框中选择【PCT 回路功能】→【测量功能】，在【编号/有效性】选项卡中进行设置即可。PCT 回路功能批量编号设置如图 2-19 所示。

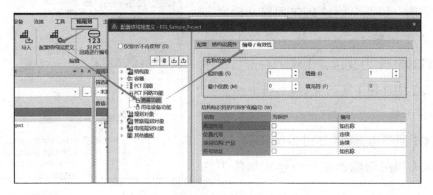

图 2-19　PCT 回路功能批量编号设置

2）【技术设备】【被测变量】【编辑功能】【编号】栏：采用英文或英文加数字的方式进行命名，不建议采用中文、特殊字符等。

3）【描述】栏：可采用中文、特殊字符等信息对【名称】进行补充说明与描述。

4）其他选项卡：如【PLC】等，用户可根据实际设计需要进行填写。

5）每一个选项卡中写入的信息均可作为图纸、报表中需要显示及引用的设计信息。

2.2.5　容器

容器在工艺工程里属于装置组。容器可以是一个生产设备的组成部分，在预规划设计过程中可定义到某一个结构段层级之下。

在预规划中，将容器视为常规规划对象进行管理，其特性类似于常规规划对象。在一个容器上虽然可以保存功能模板和外部文档/页，但无法保存PLC地址、部件或宏。与此相对应，一个容器的属性对话框仅具备常规容器选项卡（与一个规划对象的属性对话框相对应），以及文档/页和模板选项卡。

创建一个容器的规划对象，可在预规划结构段上右击，在弹出的菜单中选择【新的规划对象】命令，如图2-20所示。

在弹出的【选择结构段定义】对话框中选择相应的容器分类如【常规容器】，如图2-21所示。

图2-20　创建预规划下的容器-1

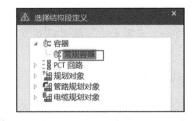

图2-21　创建预规划下的容器-2

完善预规划的容器属性信息，如图2-22所示。

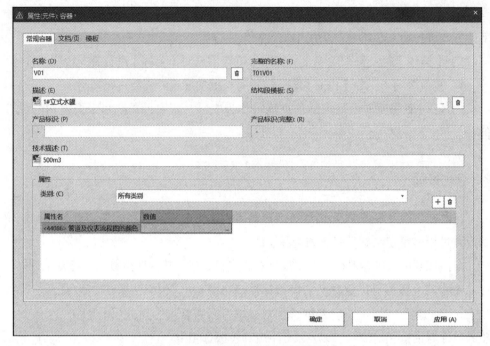

图 2-22　完善预规划的容器属性信息

一个容器可以在预规划中插入一个结构段下，而不能插入一个规划对象或 PCT 回路功能下，除非系统有特殊设置。容器本身也可以在结构内包含 PCT 回路和规划对象。

操作建议：

1）【名称】栏：采用英文或英文加数字的方式进行命名，不建议采用中文、特殊字符等。

2）【描述】栏：可采用中文、特殊字符等信息对【名称】进行补充说明与描述。

3）【技术描述】栏：可针对当前该设备的技术特性进行描述说明。

4）其他选项卡：如【文档/页】【模板】等，用户可根据实际设计需要进行填写。

5）每一个选项卡中写入的信息均可作为图纸、报表中需要显示及引用的设计信息。

2.2.6　管路规划对象

管路规划对象是用于定义管路基础信息的规划对象，管路规划对象的作用可以参考常规规划对象。

创建管路规划对象时，可在预规划导航器的项目或结构段上右击，在弹出的菜单中选择【新的规划对象】命令，如图 2-23 所示。

　　在弹出的【选择结构段定义】对话框中，选择【管路规划对象】→【常规管路规划对象】，如图 2-24 所示。

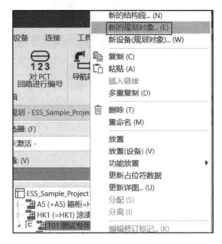

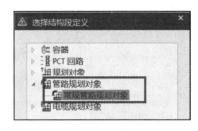

图 2-23　创建管路规划对象 -1　　　　图 2-24　创建管路规划对象 -2

　　按照设计的要求，完善管路规划对象的相应属性信息。填写管路规划对象属性信息如图 2-25 所示。

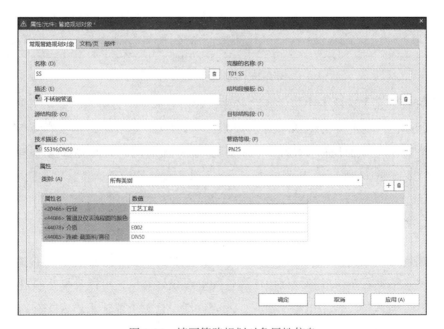

图 2-25　填写管路规划对象属性信息

该规划对象将用于对工艺工程设计当中的管路信息进行规划和定义，应用的页类型为管道及仪表流程图（P&ID 图）。

若将该规划对象拖放至管道及仪表流程图（P&ID）中，将自动建立管路定义点，且该规划对象的属性需要用户进一步填写。管路定义点样式如图 2-26 所示。

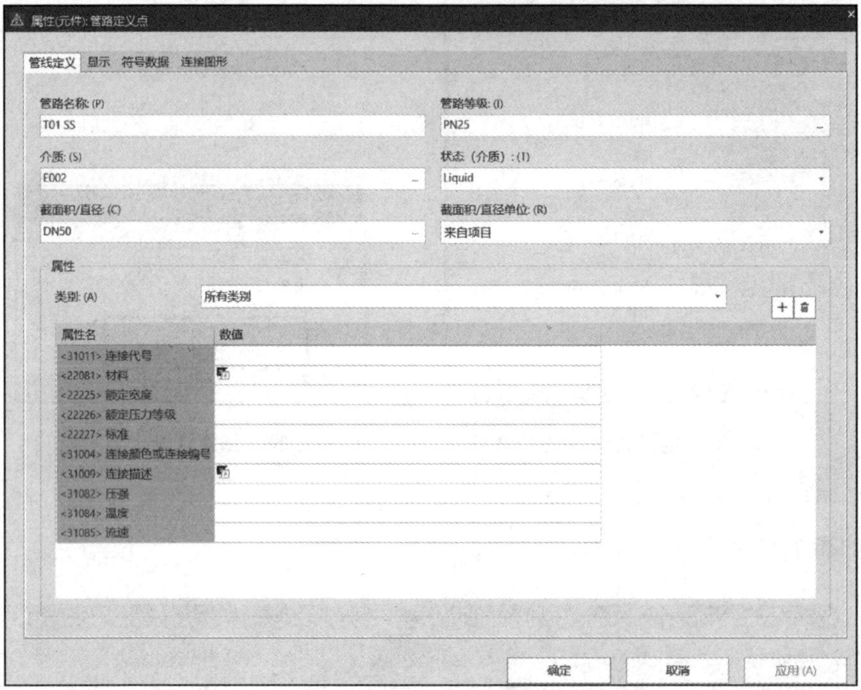

图 2-26　管路定义点样式

【管线定义】选项卡中包含管路名称、管路等级（压力等级，如填写 PN25 或150#Lb 等）、介质、状态（介质）、截面积 / 直径（管道设备的尺寸信息，如填写DN50 或 2″ 等，截面积和直径都需要填写时，按照截面积 / 直径的格式填写即可）、介质的工艺参数（如温度、压强、流速等）、管道材料等信息。

2.2.7　电缆规划对象

电缆规划对象用于对电缆的规划设计,其中包含对电缆的选型、芯线等信息的规划。

意义：借助在图形的预规划中所放置的电缆规划对象，可以及早在项目规划期间指定第一批电缆（或主电缆）数据，此时详细设计图可能还未形成。例如，如果所有电气和控制组件的布线在整个生产设备中呈网状延伸，那么这样的电缆预规划就尤为重要。

首先，可按照如图 2-27 所示的方式进行电缆规划对象的创建。

在弹出的【选择结构段定义】对话框中，选择【电缆规划对象】→【常规电缆规划对象】，如图 2-28 所示。

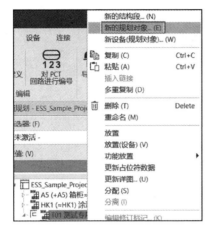

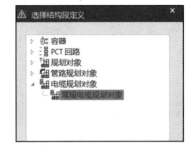

图 2-27　创建电缆规划对象 -1　　　　图 2-28　创建电缆规划对象 -2

在弹出的【属性（元件）：电缆规划对象】对话框中，输入基本的规划电缆信息，如图 2-29 所示。

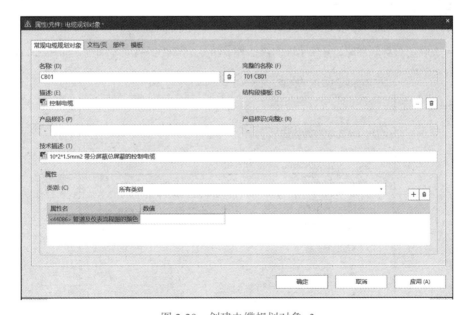

图 2-29　创建电缆规划对象 -3

对于在可以确认电缆选型的规划方案中，可对该电缆规划对象进行部件选型操作。电缆规划对象的部件设置如图 2-30 所示。

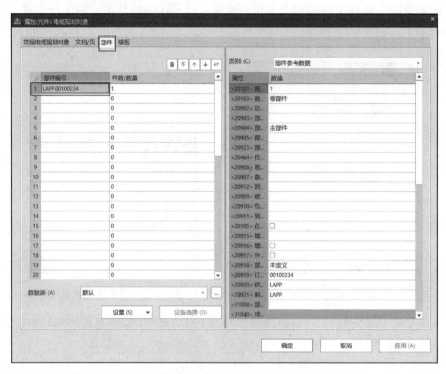

图 2-30　电缆规划对象的部件设置

对于确定的规划对象，可在原理图设计环节将其放置在多线原理图中，如图 2-31 所示。

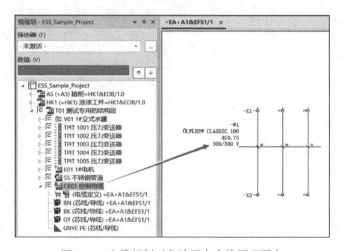

图 2-31　电缆规划对象放置在多线原理图中

之后，若需要确定电缆的总长度，可在一个电缆规划对象上保存一个电缆的部件（该部件编号既可以是部件库中的某个电缆部件编号，也可以是新部件编号），并将该电缆的长度录入在【部件参考数据】的【部分数量 / 长度】属性中。电缆规划的选型与长度如图 2-32 所示。

图 2-32　电缆规划的选型与长度

然后通过生成【预规划：规划对象总览】报表，可以将设定的源结构段和目标结构段、时间花费（规划 / 建造）、首批预算数据（价格）以及电缆总长度等信息一并整理在相应的报表中。电缆规划的规划属性如图 2-33 所示。

在随后的详细设计图中，可以将电缆规划对象分配给原理图中的电缆。由此，可将在预规划中输入的值传输至详细设计图，并在详细设计图中显示和生成报表。

操作建议：

1）【名称】栏：采用英文或英文加数字的方式进行命名，不建议采用中文、特殊字符等。

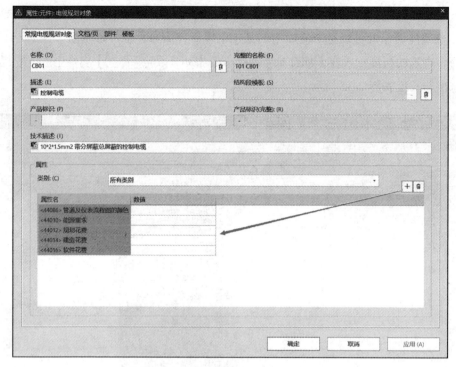

图 2-33　电缆规划的规划属性

2）【描述】栏：可采用中文、特殊字符等信息对【名称】进行补充说明与描述。

3）【技术描述】栏：可针对当前该设备的技术特性进行描述说明。

4）其他选项卡：如【文档/页】、【部件】、【模板】等，用户可根据实际设计需要进行填写。

5）每一个选项卡中写入的信息均可作为图纸、报表中需要显示及引用的设计信息。

2.2.8　结构段模板

在一个结构段模板中可以预定义一个结构段的所有相关数据，包括标准化的属性、选择的宏及值集方案、PLC I/O 设计信息、部件选型方案、模板规则等。这些预定义的数据可在创建新的结构段、规划对象等时作为模板反复使用。该结构段模板可保存在项目模板中。

通过分配一个结构段模板，可以将已定义的数据直接传输至相应的规划对象（即规划结构段）中，而无须为每个结构段逐一输入数据。在该结构段上也可显示附属结构段模板的数据。

对于每一个种 / 类规划对象，可以创建一个或多个模板。在每一个模板中，用户可根据实际设计要求准备不同的模板内容。模板的创建可在结构段模板导航器中进行。打开结构段模板导航器如图 2-34 所示。

例如，在 PCT 回路中创建一个有关液位测量的 PCT 回路的结构段模板。

首先，在【结构段模板】对话框中选择【PCT 回路】→【回路】，右击，在弹出的菜单中选择【新结构段模板】命令如图 2-35 所示。

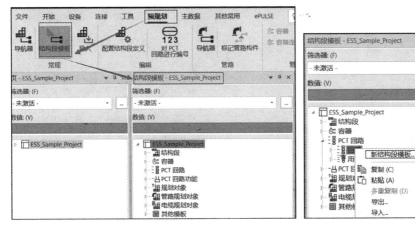

图 2-34　打开结构段模板导航器　　　图 2-35　创建结构段模板 -1

接着，在弹出的【属性（元件）：PCT 回路】对话框中输入该模板的名称及描述，在【标识性名称】栏输入【Loop LIR】，在【描述】栏输入【测量液位】，单击右下角的【应用 (A)】按钮。如图 2-36 所示。

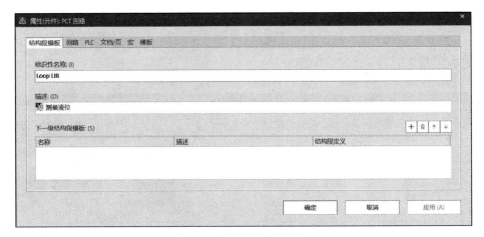

图 2-36　创建结构段模板 -2

选择【回路】选项卡，完成 PCT 回路信息模板的创建，如图 2-37 所示。

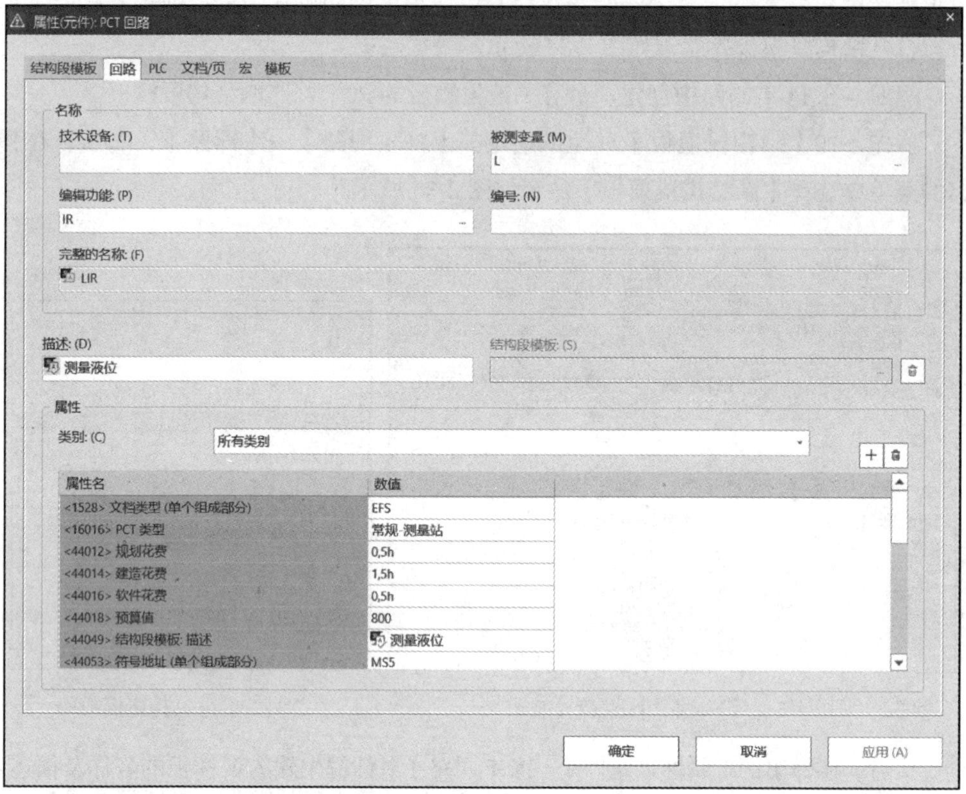

图 2-37　创建结构段模板 -3

其中，假定【编号】在设计中是变量，而其他栏的信息均保持模板信息不变，因此，填写固定值栏位，置空变量栏即可。

按照该思路和方法，依次完成【PLC】【宏】等选项卡中的模板内容，如图 2-38 和图 2-39 所示。

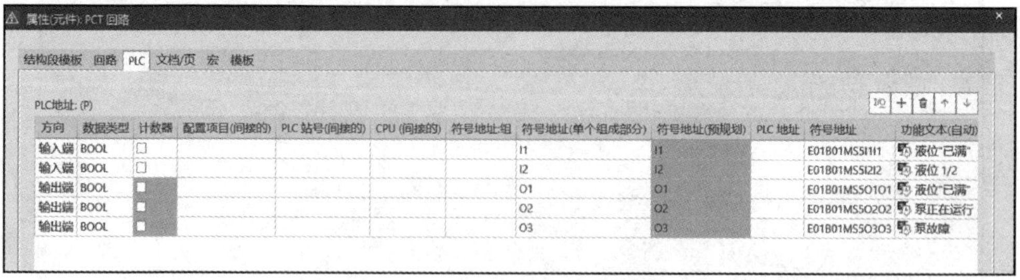

图 2-38　创建结构段模板 -4

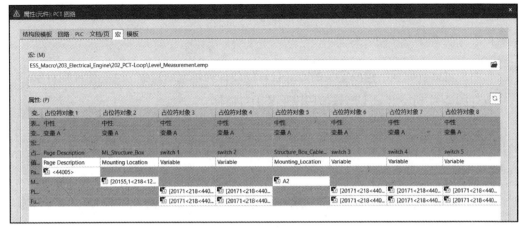

图 2-39　创建结构段模板 -5

当完成模板信息录入后，可以单击【应用】按钮保存当前内容；单击【确定】按钮保存并关闭当前对话框。

按照该方法，可以创建多个 PCT 回路模板，直至满足设计需要。所有创建的 PCT 回路模板都将依次显示在相应的类别之下，如图 2-40 所示。

不仅【PCT 回路】→【回路】功能可以创建结构段模板，在规划对象中也可以为某个设备的规划对象创建结构段模板。在相应的结构

图 2-40　创建结构段模板 -6

段模板中，可以输入模板中可以确定的设备连接点信息和制造商信息，并针对该结构段模板选择一个图形表达方式（宏：窗口宏、页宏）。

操作建议：

1）结构段模板可以项目的方式进行保存。每个结构段模板均具备一个唯一的标识性名称、一个描述和一个结构段定义。

2）每个结构段可以作为当前项目中的结构段模板参考。在预规划导航器中，通过图标【▲】辨识是否采用了该结构段。该结构段和结构段模板始终具有相同的结构段定义。

3）结构段模板的属性被传输到已被使用的结构段上。此时，仅需要填写结构段的空值，已有的属性值不会被覆盖。

2.2.9　配置结构段定义

用户可通过配置结构段定义的方式自行创建任何预规划对象分类、预规划对象，可按如图 2-41 所示开启【配置结构段定义】对话框。

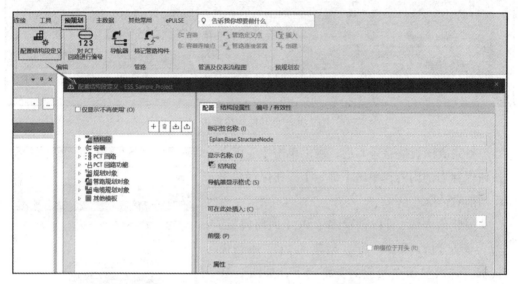

图 2-41　开启【配置结构段定义】对话框

在左侧的树形管理器中可选择相应的目录层级，右击，在弹出的菜单中选择【新建】命令，进行新的结构段创建，如图 2-42 所示。

例如，在【结构段】中创建一个【办公楼】结构段。在弹出的【新的结构段】对话框中，将【标识性名称】最后一位的【1】改成【OfficeBuilding】，如图 2-43 和图 2-44 所示。

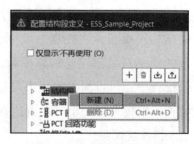

图 2-42　创建新结构段定义 -1

图 2-43　创建新结构段定义 -2

图 2-44　创建新结构段定义 -3

单击【确定】按钮，展开左侧树形管理器，如图 2-45 所示。

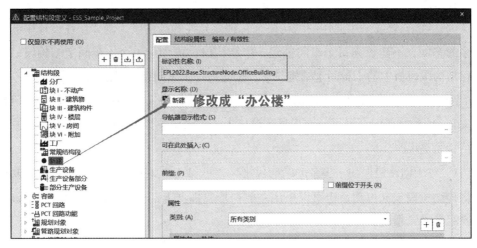

图 2-45　创建新结构段定义 -4

修改完毕后进行保存，可在左侧树形管理器中查看保存结果。若需要更改属性管理器中的图标（在当前图中以【●办公楼】为例），可单击右下角的【图标（N）】按钮进行更改，如图 2-46 所示。

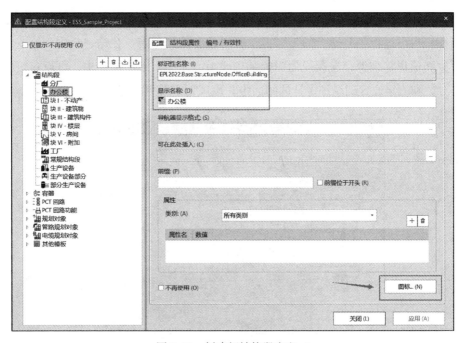

图 2-46　创建新结构段定义 -5

按照如上的方法，用户可依次创建所需的结构段定义。

操作建议：

1）尽量创建或采用通用的结构段来管理差异性的结构段。例如，在设计中会有很多的车间，不建议为每个车间创建一个结构段，可创建一个【车间】结构段，然后在结构段模板中的【车间】结构段下，创建每一个车间结构段的模板。

2）在结构段定义中，【标识性名称】不建议采用中文和特殊字符，建议仅包含英文和 / 或数字的组合即可；在【显示名称】中可采用中文和特殊字符对其进行补充介绍和完整说明。

3）对于创建错误的、多余的结构段定义，可勾选图 2-46 中的【不再使用】复选框将该结构段定义停用，也可以采用左侧树形管理器上部的删除按钮【 🗑 】将该结构段定义彻底删去。

2.3 预规划的主要操作步骤的说明

当用户在使用 EPLAN 预规划软件进行设计时，不论是创建预规划的规划对象，还是基于预规划的工程设计的详细设计内容，都将用到以下主要功能以及操作内容：

1）配置：在预规划导航器中，可进行包括创建和调整结构段定义及用户自定义的属性，也可进行创建适合的带有占位符对象和值集的宏。在这一步中，这些占位符对象和值集将被保存在预规划中的结构段上，在接下来的操作中，可以将这些占位符对象和值集放置到详细设计的图面中。预规划中常用的配置如图 2-47 所示。

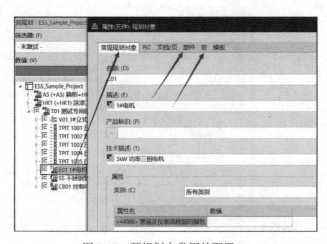

图 2-47　预规划中常用的配置 -1

2）创建预规划对象：在预规划导航器中创建结构段和规划对象，并通过树形结构对其进行排列与管理。为每一个结构段输入相应的设计数据，并在规划对象上保存用于设计的宏（窗口宏、页宏等）、部件信息、功能模板等信息，还可以通过【预规划】→【导入】菜单项导入已在外部应用程序中创建完毕的带有预规划数据的列表（如Excel、TXT 格式）。Excel 文档中需要带有设计表头，且无合并单元格及空行；TXT 文档中的设计数据应采用制表符进行分隔。新建结构段、规划对象、导入数据的按钮位置如图 2-48 和图 2-49所示。

图 2-48　预规划中常用的配置 -2

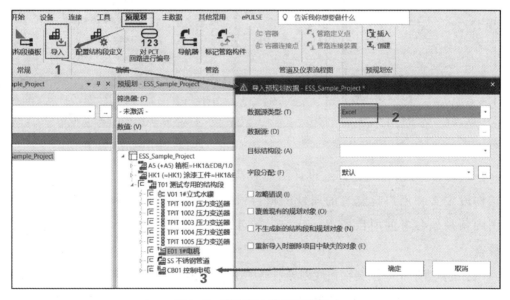

图 2-49　预规划中常用的配置 -3

3）创建详细设计图：将预规划导航器中带有宏或功能放置的对象拖放到图样中，即可将设置在预规划的规划对象的信息在原理图页中生成。该预规划的宏或功能放置设置可以在一个结构段或规划对象上进行指定（见图 2-50），也可以将带有宏配置的预规划对象拖放到相应图纸中或页导航器中。

4）生成报表：当在预规划导航器中完成规划信息后，即可为规划内容生成报表。生成报表与详细设计图是否已生成无关。典型报表包括【预规划：结构段总览】、【预规划：结构段图】、【预规划：规划对象总览】和【预规划：规划对象图】。此外，如果对部件也做好了规划及选型，也可以使用部件类报表（【部件列表】、【部件汇总表】）生成与部件相关的数据表或统计清单等信息，如图 2-51 所示。

图 2-50　预规划中常用的配置 -4   图 2-51　预规划中常用的配置 -5

5）检查：可以在创建详细设计图前后执行项目检查。存在用于检查结构段、结构段定义和用户自定义的属性的项目检查，还存在用于检查针对详细设计图的预规划参考的项目检查。此外，还可以针对预规划深度定义自己的项目检查。

经过检查后，系统会在预规划导航器中通过一个红色感叹号对错误的结构段进行标识。如需要在预规划导航器中有针对性地仅显示错误的结构段，需在消息管理中对消息属性定义合适的检查消息显示筛选标准。

项目检查位于【工具】选项卡中的【检查】功能内。在【执行项目检查】对话框，用户可以对消息和检查项的内容进行配置，其中【028】类别为转为预规划开辟的检查项，其内容如图 2-52 所示。

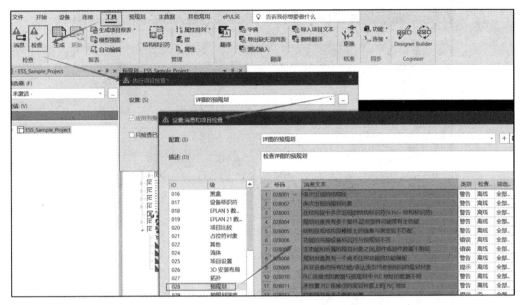

图 2-52　预规划中常用的配置 -6

2.4　预规划链接

在预规划设计中可为预规划对象进行链接配置，通过使用这些链接，可以在预规划中定义不同结构段（如 PCT 回路、PCT 回路功能等）之间的关联。不仅可以在项目中和原理图中显示这些关联，而且在报表中也可以一并将其输出。完成链接关系设置的信息，可通过调取预规划对象的 <44063> 属性进行显示。显示具有链接关系的结构段如图 2-53 所示。

1. 编辑链接和所链接的结构段

在链接上所进行的操作同样会影响所链接的结构段。例如，通过设置属性显示菜单项打开所链接的结构段的属性。配置预规划链接的结构段信息如图 2-54 所示。

除此之外，还需注意以下几点：

1）在链接下无法插入其他对象（结构段或链接）。

2）删除链接时只会删除该链接的属性文本，并不会删除所链接的结构段。但是，如果删除了结构段，那么其所属的链接也会被自动删除。

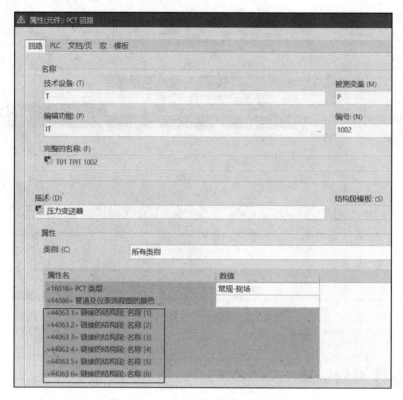

图 2-53　显示具有链接关系的结构段

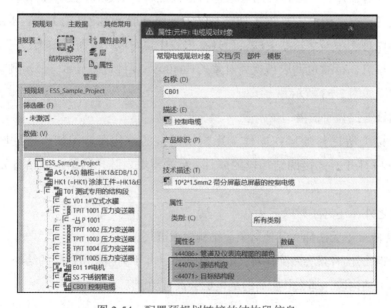

图 2-54　配置预规划链接的结构段信息

3）为了在预规划导航器中从链接跳转到所链接的结构段（并返回），可在选中的链接上选择【转到（关联参考）】弹出菜单项。

4）链接本身不能进行复制。若需要复制一个结构段及其链接，必须既选中该结构段，又同时选中链接下方的结构信息。通过这种方式可以将一个结构段包括其链接一起粘贴到另一个项目中。

5）在创建和插入预规划宏时需考虑这些链接。为了在预规划宏中存储链接，操作方法与复制链接的操作相同，既需要选中该结构段，又需要同时选中链接下方的结构信息。

2. 显示所链接的结构段

若需要在一个结构段上显示出该结构段与哪些其他结构段建立了链接，则需要在该结构段的属性对话框中调出已索引的【链接的结构段：名称［1-10］】（属性 ID：44063），被链接的结构段完整名称将会显示出来。

2.5 预规划报表

采用预规划设计后，不仅可以使用 EPLAN Electric P8 中已有的报表类型，还可以更加灵活地采用预规划的报表类型。预规划的报表类型概览如图 2-55 所示。

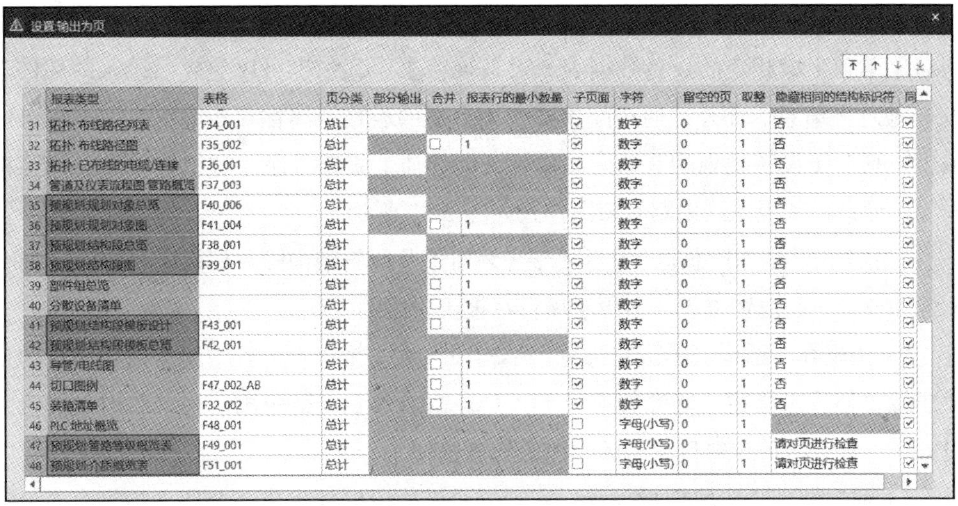
设置:输出为页

	报表类型	表格	页分类	部分输出	合并	报表行的最小数量	子页面	字符	留空的页	取整	隐藏相同的结构标识符	同
31	拓扑:布线路径列表	F34_001	总计				☑	数字	0	1	否	☑
32	拓扑:布线路径图	F35_002	总计		☐	1	☑	数字	0	1	否	☑
33	拓扑:已布线的电缆/连接	F36_001	总计				☑	数字	0	1	否	☑
34	管道及仪表流程图:管路概览	F37_003	总计				☑	数字	0	1	否	☑
35	预规划:规划对象总览	F40_006	总计				☑	数字	0	1	否	☑
36	预规划:规划对象图	F41_004	总计		☐	1	☑	数字	0	1	否	☑
37	预规划:结构段总览	F38_001	总计				☑	数字	0	1	否	☑
38	预规划:结构段图	F39_001	总计		☐	1	☑	数字	0	1	否	☑
39	部件组总览		总计		☐	1	☑	数字	0	1	否	☑
40	分散设备清单		总计		☐	1	☑	数字	0	1	否	☑
41	预规划:结构段模板设计	F43_001	总计		☐	1	☑	数字	0	1	否	☑
42	预规划:结构段模板总览	F42_001	总计				☑	数字	0	1	否	☑
43	导管/电线图		总计		☐	1	☑	数字	0	1	否	☑
44	切口图例	F47_002_AB	总计		☐	1	☑	数字	0	1	否	☑
45	装箱清单	F32_002	总计		☐	1	☑	数字	0	1	否	☑
46	PLC 地址概览	F48_001	总计				☐	字母(小写)	0	1		☑
47	预规划:管路等级概览表	F49_001	总计				☐	字母(小写)	0	1	请对页进行检查	☑
48	预规划:介质概览表	F51_001	总计				☐	字母(小写)	0	1	请对页进行检查	☑

图 2-55　预规划的报表类型概览

1）预规划：规划对象总览。它是所有规划对象及其所需花费（时间、能源和成本）以及相关文档、部件信息、PLC 地址等规划信息的总览。此外，通过使用合适的表格及属性显示配置方案，可在此表中输出楼宇自动化的功能列表、工艺工程中的工艺参数表、管道一览表（介质、管路等级、源结构段和目标结构段等）设计信息。预规划：规划对象总览图样式如图 2-56 所示。

预规划：规划对象总览

P40_003

		规划对象	描述 备注	[illegible]	[illegible]	[illegible]	[illegible]	总花费 [h] 规划	建造	Software	总能源需求 [kW]	总价 [€]	与上一级结构段链接	链接的结构段
1	3	HK1 HV1 EU 101	进给介质	2		1		5,5	8,0	4,5	0,6	3650,00	HK1 HV1 LS++ 21	
2	3	HK1 HV1 EU 102	混合介质	2		1		5,5	9,0	4,5	0,6	3650,00		
3	3	HK1 HV1 FC 1	流量阀控制系统				1	1,2	3,0	0,3	0,0	650,00		
4	3	HK1 HV1 FIRC 2	流量阀控制系统:打开和关闭		1	2		3,2	7,0	0,3	0,0	950,00		
5	3	HK1 HV1 FIRC 3	流量阀控制系统:关闭		1	1		2,2	5,0	0,3	0,0	800,00		
6	3	HK1 HV1 GS 1	光栅	3		2		1,2	3,0	0,3	0,0	650,00		
7	3	HK1 HV1 LIR 20	测量液位	2		2		1,7	4,5	0,8	0,0	1450,00		
8	3	HK1 HV1 LS++ 21	关闭介质进给	2		2		1,7	5,0	0,8	0,0	1450,00		HK1 HV1 EU 101
9	3	HK1 HV1 TIRCA+S++Z+++ 22	测量温度				1	1,7	4,5	0,8	0,0	1750,00		
10	3	HK1 HV2 EU 101	进给介质	2		1		5,5	8,0	4,5	0,6	3650,00	HK1 HV2 LS++ 21	
11	3	HK1 HV2 EU 102	混合介质	2		1		5,5	9,0	4,5	1,5	3650,00		
12	3	HK1 HV2 EU 103	进给介质	2		1		5,5	7,0	4,5	1,5	3650,00	HK1 HV2 LS++ 21	
13	3	HK1 HV2 FC 1	流量阀控制系统				1	1,2	3,0	0,3	0,0	650,00		
14	3	HK1 HV2 FIRC 2	流量阀控制系统:打开和关闭		1	2		3,2	7,0	0,3	0,0	950,00		
15	3	HK1 HV2 FC 3	流量阀控制系统				1	1,2	3,0	0,3	0,0	650,00		
16	3	HK1 HV2 FIRC 4	流量阀控制系统:打开和关闭		1	2		3,2	7,0	0,3	0,0	950,00		
17	3	HK1 HV2 LIR 20	测量液位	3		2		1,7	5,0	0,8	0,0	1450,00		
18	3	HK1 HV2 LS++ 21	关闭介质进给	3		2		1,7	5,5	0,8	0,0	1450,00		HK1 HV2 EU 101;HK1 HV2 EU 103
19	3	HK1 HV3 LIR 20	测量液位	3		2		1,7	5,5	0,8	0,0	1450,00		
20	3	HK1 HV3 LS++ 21	关闭介质进给	3		2		1,7	6,5	0,8	0,0	1450,00		
21	3	HK1 HV4 LIR 20	测量液位	3		2		1,7	4,5	0,8	0,0	1450,00		
22	3	HK1 HV4 LS++ 21	关闭介质进给	3		2		1,7	5,0	0,8	0,0	1450,00		

[illegible]										
特别:										
合计:	27	4	30	4	59,4	125,0	22,1	4,8	37850,00	

图 2-56　预规划：规划对象总览图样式

2）预规划：规划对象图。该表可等同于设备数据表、设备规格书，为每一个规划对象单独生成相应的设备数据表或设备规格书，其中也可以包含已录入的部件、PLC 地址等信息。此外，通过配置并使用合适的表格及属性显示配置方案，也可以输出包括关于设备规划的其他附属属性（如介质、管路等级、源结构段和目标结构段等）信息。预规划：规划对象图样式如图 2-57 所示。

3）预规划：结构段总览。它是关于规划对象及所属结构段和相关规划信息（时间、能源和成本）的总览报表，多用于项目在报价阶段的设计。

4）预规划：结构段图。它为每个结构段生成一个报表，其中包含该结构段的相关属性（如技术描述、能源需求等），并且输出下一级结构段信息，多用于报价阶段方案总目录清单或项目完结后的评价信息梳理。

5）预规划：结构段模板设计。它为每个结构段模板生成一个独立的报表，包含所需的该结构段模板的不同属性，其中可以包含该结构段模板所使用的结构段的属性信息。

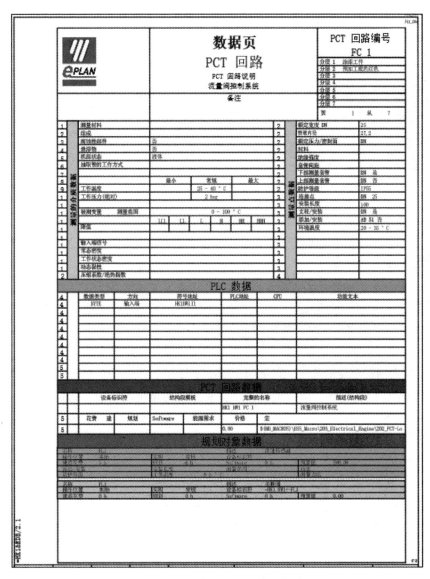

图 2-57　预规划：规划对象图样式

6）预规划：结构段模板总览。它是用于对项目中所有结构段模板的总览报表。

7）预规划：管路等级概览表。它是用于输出项目的全部管路等级信息的总览报表，也可以通过使用管路等级概览表，为每个管路等级生成单独的报表。预规划：管路等级属性列表样式、预规划：管路等级概览表样式分别如图 2-58 和图 2-59所示。

预规划：管路等级属性列表 F49_002

管路等级	RK C
描述	VA-Leitung = Edelstahl-Leitung aus VA-Stahl
标准	DIN
材料	VA
额定压力等级	PN20
用户增补说明 1	
用户增补说明 2	
用户增补说明 3	
用户增补说明 4	
用户增补说明 5	
用户增补说明 6	
用户增补说明 7	

图 2-58 预规划：管路等级属性列表样式

预规划：管路等级概览表 F49_001

	管路等级	描述	标准	额定压力等级	材料
1	RK A	钢管	DIN	PN10	钢铁
2	RK B	PVC 管	DIN	PN01	PVC
3	RK C	VA-Leitung = Edelstahl-Leitung aus VA-Stahl	DIN	PN20	VA

图 2-59 预规划：管路等级概览表样式

8）预规划：介质概览表。它是用于输出项目的全部管道中工艺介质的总览报表，也可以通过使用介质概览表，为每个工艺介质生成单独的报表。预规划：介质概览表样式如图 2-60 所示。

预规划：介质概览表 F51_001

	介质	描述	用户增补说明 1	用户增补说明 2	用户增补说明 3
1	011	基本颜色红色			
2	101	涂漆色红色			
3	1017	氯			
4	1090	丙酮			
5	1170	乙醇			
6	E001	蒸汽			
7	E002	水			

图 2-60 预规划：介质概览表样式

9）部件组总览。它是用户输出项目的全部部件组和模块的总览报表。

若只需要输出已在规划对象上设置的部件，也可以一并列入部件报表（部件列表、部件汇总表等）以及材料表中，此时必须勾选【预规划部件】复选框，如图 2-61 所示。

该报表有时也用于生成典型仪表安装图、典型安装图、Hookups 图等。部件组总览样式如图 2-62 所示。

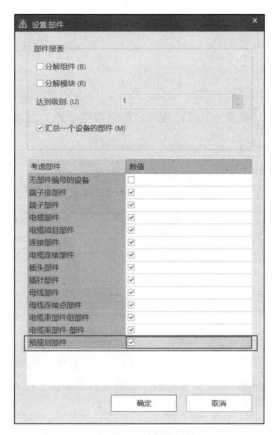

图 2-61　激活预规划部件的统计属性

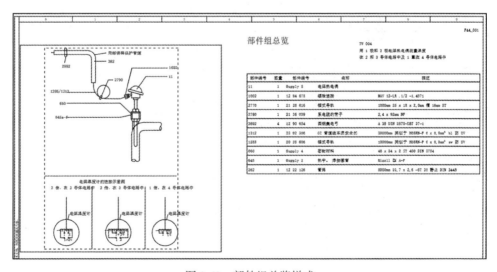

图 2-62　部件组总览样式

在其他报表（如设备列表、端子图表、PLC 图表、电缆图表等）中，也可以将其主功能链接的规划对象信息一并输出，此时需要调取表格中用于显示规划对象的占位符信息。

10）管道及仪表流程图：管路概览。该报表可为创建的管道及仪表流程图生成该图相应的管道清单。管道及仪表流程图：管路概览示意如图 2-63 所示。

管道及仪表流程图:管路概览

F27_003

介质编号	公式	管路等级	打印	截面积	长度	规划花费	建造花费	软件花费	价格	源	目标	管线部分	管路	管线定义	放置
1170	C2H5OH	RK A	3 bar	DN40	30 m	1h	10h	0,5h	0,00	-HK1.HW1+-CM1	-HK1.HW3+-CM1	-HK1.HW1+-FL1	产品管	HK1 HW1 L001	-HK1&PFB/1.0
												-HK1+-FL0081.1			
												-HK1+-GP0081			
												-HK1.HW1+-FL2			
E001	H2O	RK C	2 bar		20 m	1h	30h	0,5h	0,00		-HK1.HW1+-CM1-BB0084	-HK1.HW1+-FL3	蒸汽管道	HK1 HW1 L002	-HK1&PFB/1.5
												-HK1+-FL0085.4			
E002	H2O	RK B	0,1 bar		5 m	1h	10h	0,5h	0,00			-HK1+-FL0085	冷凝液管	HK1 HW1 L003	-HK1&PFB/1.6
												-HK1+-XD0085			
011		RK B	3 bar		20 m	1h	50h	0,5h	0,00	-HK1.HW2+-CM1	-HK1.HW1+-CM1	-HK1.HW2+-FL1	产品管	HK1 HW1 L004	-HK1&PFB/1.4
												-HK1+-GP0086			
												-HK1.HW2+-FL2			
1090	CH3COCH3	RK C	2 bar		40 m	1h	10h	0,5h	0,00	-HK1.HW4+-CM1	-HK1.HW2+-CM1	-HK1.HW2+-FL3	产品管	HK1 HW2 L005	-HK1&PFB/1.4
												-HK1+-FL0085.1			
												-HK1+-GP0086.1			
												-HK1.HW2+-FL4			
101		RK B	3 bar		30 m	1h	10h	0,5h	0,00		-HK1.HW2+-CM1	-HK1+-FL0089	成品管	HK1 HW2 L006	-HK1&PFB/1.9

图 2-63 管道及仪表流程图：管路概览示意

11）预规划：电缆规划对象总览表。该报表将用于在预规划、报价设计阶段对电缆用量、施工安装等费用的统计。预规划：电缆规划对象总览报表样式如图 2-64 所示。

预规划:电缆规划对象总览

F40_006

PCT 回路			描述 备注	长度	部件编号 部件：名称 1	总花费 [h]			总能源需求 [kW]	总价 [€]	源结构段	目标结构段
						规划	建造	Software				
1	5	HK1 HW1 EU 101MA1 WN	电缆 电缆上的电缆的位置代号	250 m	not yet known	1,0	3,0	0,0	0,0	150,00	A5	HK1 HW1
2	5	HK1 HW1 EU 102MA2 WN	电缆 电缆上的电缆的位置代号	250 m	not yet known	1,0	4,0	0,0	0,0	150,00	A5	HK1 HW1
3	5	HK1 HW1 FC 1BL1 WN	电缆 电缆上的电缆的位置代号	250 m	not yet known	1,0	2,0	0,0	0,0	150,00	A5	HK1 HW1
4	5	HK1 HW1 FIRC 2BL1 WN	电缆 电缆上的电缆的位置代号	250 m	not yet known	1,0	2,0	0,0	0,0	150,00	A5	HK1 HW1
5	5	HK1 HW1 FIRC 2SF1 WN	电缆 电缆上的电缆的位置代号	350 m	not yet known	1,0	2,0	0,0	0,0	150,00	A5	HK1 HW1
6	5	HK1 HW1 FIRC 2SF2 WN	电缆 电缆上的电缆的位置代号	400 m	not yet known	1,0	2,0	0,0	0,0	150,00	A5	HK1 HW1
7	5	HK1 HW1 FIRC 3BL1 WN	电缆 电缆上的电缆的位置代号	250 m	not yet known	1,0	2,0	0,0	0,0	150,00	A5	HK1 HW1
8	5	HK1 HW1 FIRC 3SF1 WN	电缆 电缆上的电缆的位置代号	250 m	not yet known	1,0	2,0	0,0	0,0	150,00	A5	HK1 HW1
9	5	HK1 HW1 GS 1BL1 WN	电缆 电缆上的电缆的位置代号	250 m	not yet known	1,0	2,0	0,0	0,0	150,00	A5	HK1 HW1
10	5	HK1 HW1 LIR 20BL1 WN	电缆 电缆上的电缆的位置代号	250 m	not yet known	1,0	2,0	0,0	0,0	150,00	A5	HK1 HW1
11	5	HK1 HW1 LS++ 21BL2 WN	电缆 电缆上的电缆的位置代号	250 m	not yet known	1,0	2,5	0,0	0,0	150,00	A5	HK1 HW1
12	5	HK1 HW1 TIRCA+S++Z+++ 22BL1 WN	电缆 电缆上的电缆的位置代号	250 m	not yet known	1,0	2,0	0,0	0,0	150,00	A5	HK1 HW1
13	5	HK1 HW2 EU 101MA1 WN	电缆 电缆上的电缆的位置代号	250 m	not yet known	1,0	3,0	0,0	0,0	150,00	A5	HK1 HW2
14	5	HK1 HW2 EU 102MA2 WN	电缆 电缆上的电缆的位置代号	250 m	not yet known	1,0	4,0	0,0	0,0	150,00	A5	HK1 HW2
15	5	HK1 HW2 EU 103MA1 WN	电缆 电缆上的电缆的位置代号	250 m	not yet known	1,0	2,0	0,0	0,0	150,00	A5	HK1 HW2
16	5	HK1 HW2 FC 1BL1 WN	电缆 电缆上的电缆的位置代号	250 m	not yet known	1,0	2,0	0,0	0,0	150,00	A5	HK1 HW1
17	5	HK1 HW2 FIRC 2BL1 WN	电缆 电缆上的电缆的位置代号	250 m	not yet known	1,0	2,0	0,0	0,0	150,00	A5	HK1 HW1
18	5	HK1 HW2 FIRC 2SF1 WN	电缆 电缆上的电缆的位置代号	350 m	not yet known	1,0	2,0	0,0	0,0	150,00	A5	HK1 HW1
19	5	HK1 HW2 FIRC 2SF2 WN	电缆 电缆上的电缆的位置代号	400 m	not yet known	1,0	2,0	0,0	0,0	150,00	A5	HK1 HW1
20	5	HK1 HW2 FC 3BL1 WN	电缆 电缆上的电缆的位置代号	250 m	not yet known	1,0	2,0	0,0	0,0	150,00	A5	HK1 HW1
21	5	HK1 HW2 FIRC 4BL1 WN	电缆 电缆上的电缆的位置代号	250 m	not yet known	1,0	2,0	0,0	0,0	150,00	A5	HK1 HW1
22	5	HK1 HW2 FIRC 4SF1 WN	电缆 电缆上的电缆的位置代号	350 m	not yet known	1,0	2,0	0,0	0,0	150,00	A5	HK1 HW1
23	5	HK1 HW2 FIRC 4SF2 WN	电缆 电缆上的电缆的位置代号	400 m	not yet known	1,0	2,0	0,0	0,0	150,00	A5	HK1 HW1
24	5	HK1 HW2 LIR 20BL1 WN	电缆 电缆上的电缆的位置代号	250 m	not yet known	1,0	2,5	0,0	0,0	150,00	A5	HK1 HW2
25	5	HK1 HW2 LS++ 21BL2 WN	电缆 电缆上的电缆的位置代号	250 m	not yet known	1,0	3,0	0,0	0,0	150,00	A5	HK1 HW2
					转到:							
					合计:	25,0	58,0	0,0	0,0	3750,00		

图 2-64 预规划：电缆规划对象总览报表样式

第 3 章
PPE 数据导入

EPLAN PPE 为 EPLAN 预规划产品的早期产品（2.6 版本及以前），现已全面更新为 EPLAN 预规划（EPLAN Preplanning）。EPLAN 预规划可为 EPLAN PPE 设计的老用户提供设计平台升级与转换功能，将原有分离的仪控设计和电气设计功能整合在同一个设计平台上。整合的内容不仅包括项目，还包括设计用到的属性信息和部件选型信息。

但需要注意的是：在通过 EPLAN 预规划打开 EPLAN PPE 设计的项目时，该 EPLAN 低版本（2.6 版本或更低版本）的 EPLAN PPE 项目会在随后的项目数据库更新过程中自动转换为预规划项目。因此，该计算机必须已同时安装 64 位版本的 Microsoft 操作系统和 64 位版本的 Microsoft Office 应用程序，其中包括 Microsoft Access。建议操作系统为 Windows10 专业版及以上版本，同时建议 Microsoft Office 为 2013/2016 专业版及以上版本，Access Runtime 为 64 位。用 EPLAN Platform 2023 软件开启 EPLAN PPE 项目的操作，详见第 3.5 节操作：导入并恢复 PPE 项目的介绍。

将项目由 EPLAN PPE 向 EPLAN 预规划进行转换时，EPLAN PPE 数据库中的信息也将对应生成 EPLAN 预规划的结构段，旧项目将按已更改的项目名称进行保存。若 EPLAN PPE 项目中包含关联文档，则将显示出相关的信息。此时，操作人员可以对是否需要将这些文档作为图形页导入进行操作选择。

3.1 数据转换对照

表 3-1 列出了数据由 PPE 转向预规划的对照关系。

表 3-1   对照关系

PPE 对象	预规划结构段 / 对象
高层代号	结构段
PI 系统	名称
名称	描述 根据 EPLAN PPE 中的配置确定结构标识符
PCT 回路	PCT 回路
PCT 回路功能	PCT 回路功能
PCT 回路组件	规划对象
设备类型	描述
设备组	结构段定义
技术规范	结构段模板
安装规定	部件组
订单	已取消
容器	容器
属性	用户自定义的属性。属性组成为标识性属性名称 的组成部分
外部文档	文档 (已保存在结构段上)
文档	图页在打开和转换 EPLAN PPE 项目时可以选择 是将 EPLAN PPE 项目中的文档转换为图形页还是 将其忽略

其中，在完成 EPLAN PPE 项目的数据导入后，可在结构段模板导航器中使用其他已预定义的规划对象 (如【传感器】【执行器】【指令发送器】等) 和结构段模板。EPLAN PPE 中的技术规范将以这些结构段模板为基础。在转换时，结构段模板的标识性名称将迁移自 PPE 中的技术规范。

3.2 安装规定（Hookups）

在 EPLAN PPE 中，安装规定是以图形的方式显示当前 PCT 回路设备以及装配此 PCT 回路设备所需的附件。除了采用图形的方式进行显示外，还可以以报表的形式生成该安装规定中所有安装附件的统计表，即安装材料清单。这些材料可以 (但不一定）源自部件管理中的信息，如附件等。

当一个 PPE 项目进行数据导入时，该安装规定将被定义为部件组的设备，即针对每个安装规定所对应的回路设备，在项目中均会生成一个带有部件信息的部件组。与此同时，在 PPE 项目中的安装规定的规定号和名称将转变为部件组的【部件编号】和【名称 1】。如果在部件管理中已存在该部件，则将对该安装规定的内容进行复制，并引入该部件。如果不存在对应的部件，则将在项目中创建一个带有安装规定中数据的部件。该部件可在将来通过部件管理的方式进行数据同步，将其同步至系统部件中。

原 PPE 项目的安装规定导入后仍作为项目设计页保留在项目中，但安装规定也将由此被冻结在数据导入状态。为了重新在预规划数据和安装规定之间建立链接与关联，必须使用【部件组总览】类型的报表作为新的报表页，或将一个【部件组总览】类型的报表放置在一个现有页中，形成新的安装规定报表。

为了对部件组进行分类，可使用部件管理中的【机械】一类产品组中的【安装规定】产品组，此产品组包含【常规】【未定义】和【附件】子产品组。在完成部件同步后，这些产品组将被归入【机械→安装规定→常规】子产品组。

同样，可以在【机械】一类产品组中的【零部件】数据集类型下管理部件组的单个部件。在执行部件同步操作时，这些部件也将获得【安装规定】产品组，但这些部件将被归入【附件】子产品组。

在对 PPE 项目执行数据导入时，安装规定中的安装附件的位置号码和规格将自动被录入部件管理的部件组选项卡的位置号码和增补文本这两列中。

在预规划项目中，安装规定及安装材料将在部件管理器中进行管理和分配，安装图 / 安装规定将与设备选型紧密相关。同时，安装附件 / 配件信息也将按照附件进行汇总和统计。

3.3 设备组

在执行 PPE 项目数据导入时，EPLAN 预规划系统将自动基于 PCT 回路组件的设备组生成下列结构段定义：传感器、执行器、指令发送器、变频器、功能设备、开关设备、分析 / 信号设备、自动化、软件功能、安全设备、加热器 / 照明系统、其他设备、装置、控制阀、机器。这些结构段定义由系统自动产生，在整个转换的过程中不需要人工进行操作。

以上结构段定义可以在项目设计过程或项目模板准备过程中进行新增、修改和删除操作。这些结构段可以在程序逻辑中进行上下层级关联，也可以完全无关。例如，可以将【变频器】定义到【装置】或是【机器】的下一级，将【传感器】定义到【变频器】的下一级，诸如此类。

3.4 属性

当操作带有 PPE 数据库的项目进行导入操作时，EPLAN PPE 中的属性将转换为预规划中的用户自定义属性。可在配置属性配置界面的树形管理器中的 EPLAN 和 PPE 节点下方管理这些属性。

在 EPLAN PPE 中可以将其属性分配到不同的属性组中。在 EPLAN 平台中，每一个属性都具有唯一性，所以属性组在导入数据时显示为内部标识性属性名称的附加节点（GROUP1~GROUP8），并作为此显示名称的组成部分导入。该显示名称可在属性管理状态下进行修改。

例如，对于已使用的 PPE 属性的供电装置的【测量介质数据】【调控介质数据】属性，在导入数据后将产生如下的用户自定义属性：

1）标识性名称：Eplan.PPE.GROUP2. 供电装置状态。

显示名称：测量介质数据：供电装置状态。

2）标识性名称：Eplan.PPE.GROUP5. 供电装置状态。

显示名称：调控介质数据：供电装置状态。

对于已在 PPE 属性组中使用过的属性，将分别默认分配给【预规划 1】~【预规划 8】这 8 个类别，借助这些类别可以条理清晰地对该属性进行使用。PPE 转预规划对照见表 3-2。

表 3-2　PPE 转预规划对照

属性组（PPE）	节　点	类　别
常规回路 / 常规用电设备	GROUP1	预规划 1
测量介质数据 / 用电设备类型	GROUP2	预规划 2
测量点数据 / 用电设备电子数据	GROUP3	预规划 3
指示仪表数据 / 用电设备的机械数据	GROUP4	预规划 4
调控介质数据 / 控制	GROUP5	预规划 5
调控点数据 / 电机启动特性	GROUP6	预规划 6
调控设备数据 / 结构形式	GROUP7	预规划 7
其他回路 / 其他用电设备	GROUP8	预规划 8

以上这些分类将为所有其他已导入的 PPE 属性按照默认的方式分配【数据】类别。

3.5 操作：导入并恢复 PPE 项目

当用户将旧版本中创建的 PPE 项目通过高版本软件（如 EPLAN 2.9 及以上更高版本）开启时，高版本软件都会提示需要将 PPE 项目转换成预规划（Preplanning）图纸。

用户可按照以下的操作提示，对 PPE 项目进行预规划转换和开启。

首先，单击菜单栏中的【文件】按钮，如图 3-1 所示。

弹出如图 3-2 所示的对话框，找到需要开启和转换的 PPE 项目文件，选中并单击【打开】按钮。

图 3-1　开启 PPE 项目 -1

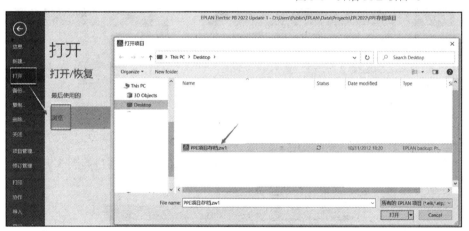

图 3-2　开启 PPE 项目 -2

在开启的过程中，系统将弹出如图 3-3 所示的提示框，需要将 PPE 项目转换到当前版本下，否则项目将无法开启。此时，单击【是】按钮即可。

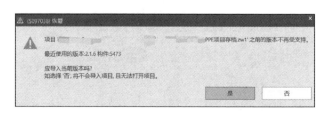

图 3-3　开启 PPE 项目 -3

系统将再次与用户确认要导
入 PPE 项目，并完成 PPE 到预规
划的转换工作，在如图 3-4 所示的
提示框中，单击【是】按钮；若
单击【否】按钮，系统将退出 PPE
项目转预规划项目的操作。

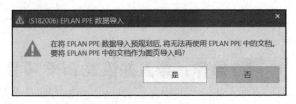

图 3-4　开启 PPE 项目 -4

等待系统完成 PPE 项目到预规划项目的转换后，将弹出如图 3-5 所示的更新系
统主数据提示框，此时，用户可根据设计的实际需要进行部分更新（单击【用户自
定义】按钮，由用户确认更新的主数据范围）、更新全部主数据（单击【是】按钮）、
完全保留原有的主数据（单击【否】按钮）。

当用户完成对主数据的更新确认后，系统将弹出如图 3-6 所示的提示框，PPE 存
档项目被成功恢复。

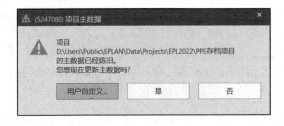

图 3-5　更新系统主数据提示框　　　　图 3-6　完成 PPE 项目到预规划的转换

此时，用户可回到软件操作界面中，编辑转换后的预规划项目如图 3-7 所示，通
过页导航器和预规划导航器可对项目进行设计操作。

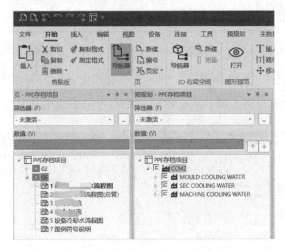

图 3-7　编辑转换后的预规划项目

第 4 章
预规划项目创建

预规划的主要目的是在项目前期，提供具有可参考意义的项目信息。通过预规划项目的创建，在不进行详细电气设计的情况下，预规划可以快速地为使用者提供总览性质的项目信息，如主要材料的价格、工时、项目功率等。与 EPLAN Electric P8 软件创建的原理图项目不同的是，本章将介绍如何创建一个预规划项目。

4.1 概念

通常情况下，为了尽快完成报价标书中有关方案框图和报价的部分，项目在投标报价阶段并不需要出很多的图纸，但是人们仍然希望能通过某种方式对即将投标的项目及其内容进行合理的预估，形成合理的报价清单。其中不仅包含对主设备的选型及价格的预估，还包含对设计人工时、主材料数量和价格、安装工时、安装价格等内容的预估。

对用户而言，遇到相似度高的项目时，可以采用已有项目作为预估报价的依据进行预估报价工作；但当面对全新的项目，又无法借鉴已有信息的项目时，将无法直接从相似度方面找到具有参考价值的项目。那么，要想在报价阶段将工作量、设备价格等信息预估得相对准确，以提高投标中标概率，将是件比较棘手的工作。

基于此考虑，EPLAN 平台的预规划软件就将从这方面为用户提供专业的规划与统计工具。

4.2　预规划项目的结构

　　预规划项目的结构可以帮助用户在报价阶段、详细设计数据需求并不完善的前提下进行快速报价的操作，可在 EPLAN 软件中快速搭建起项目的结构，并为项目结构中每一个子项进行规划设计定义和报价定义。

　　以用户的报价需求出发，由于为了尽快应标并完成投标报价的工作，往往没有太多的时间对项目进行详细设计，只能根据业主方的投标要求对项目进行方案梳理和对项目进行粗略的初期规划，根据规划的结果对项目不同的子项进行分类及报价。这些项目的分项内容及其子项信息将是影响项目报价的关键因素和细节。

　　从报价与项目初期规划考虑，EPLAN 预规划为用户提供了树形规划导航器，用户可以在该规划导航器的树形结构中对规划的项目分项及子项信息进行创建与管理。无论是分项还是子项信息，均可以按照生产流程、工艺段、房间、主设备、主材等内容完善，所有的规划都可以按照【总分】的方式进行管理，对每一项或子项可以根据项目的报价需要进行预定与创建，如图 4-1 所示的【办公楼】→【中央控制室】→【操作站】结构模型，将每一层级结构均纳入报价信息树形管理器中。例如，对于工程师站，其报价信息将涵盖设备采购价、安装费、调试费、运费、耗电量（能源需求）、设计工时等信息。

图 4-1　预规划树形管理

每一个工艺段、每一个房间、每一台主设备、每一个用电回路和控制回路均将按此方式进行归纳和细化，在每一个被定义的工艺段、房间、设备中均包含各自相应的报价信息。当所有的报价细节创建完毕后，EPLAN 预规划系统将根据设计的内容对相关信息自动进行汇总，并以报表的方式输出报价分项及汇总表单，供报价及报价管理使用，汇总报价单样式如图 4-2 所示。

预规划：结构段总览　　　　　　　　　　　　　　　　　　　　　　　　　　F38_001

结构段	描述	总花费 [h]			总能源需求 [kW]	总计算值 [€]	结构标识符	
		规划	建造	Software			工厂代号(较高级别)	位置代号
1 1AC	空压站	44.5	0.0	0.0	0.0	0.00	IN	Loop
1 OB	办公楼	277.8	4.2	111.1	34.8	0.00	Building	
2 OB AR	分析仪室	125.0	1.3	83.3	8.7	0.00	Room	
2 OB CCR	中央控制室	111.1	2.5	27.8	16.2	0.00	Room	
2 OB IT	IT机房	41.7	0.4	0.0	3.9	0.00	Room	

图 4-2　汇总报价单样式

对于多阶段的报价设计，用户只需在 EPLAN 预规划导航器的树形管理界面中对需要完善的信息进行设计管理操作即可，当所有的完善、修改等工作完成后，重新输出报价报表。

在设计准备过程中，用户可对正在设计的内容进行拖放调整。例如，以图 4-1 中的【EWS01 1 工程师站】为例，在规划过程中，若需要将其调整至【IT 机房】结构下，只需将【EWS01 1 工程师站】用鼠标左键选中，直接拖放至【IT 机房】分支下，松开鼠标左键即可。调整预规划设计信息如图 4-3 所示。

同样，若需要对某一个管理层级（结构对象）、设备（规划对象）进行复制时，可在相应的结构对象或规划对象上右击，在弹出的菜单中选择【多重复制】命令，系统将依据用户当前的选择层级进行复制，复制的同时会一并将该层级下的所有设计信息进行复制。例如，图 4-3 中最下面的【6 备用】【7 备用】和【8 备用】，复制一个预规划对象如图 4-4 所示。

通过多重复制的方式，可以将一个预规划对象中包含的子集、规划对象、属性信息等完整地复制一份出来，并根据自动命名规则的设置要求，对复制生成的新规划对象、结构段进行命名。

图 4-3　调整预规划设计信息

图 4-4　复制一个预规划对象

4.3 预规划报价报表设计

预规划的报价报表将采用【预规划：结构段总览】报表类型。用户可以按照以下方式对报表的内容和形式进行自定义与设计。下面将按照结构段编号、结构段描述，对三项费用（规划费用、建造费用、软件费用）按照每一个结构段进行汇总，并统计能耗的需求（以电能为例，单位为 kW）、结构段的总费用，以及结构段与项目结构的对应关系，即与高层代号、位置代号的对应关系。

建议采用打开已有报表的方式进行表格的订制，这样会使得设计更加高效。

首先，在菜单栏中依次单击【主数据】→【表格】→【打开】→【打开表格】命令，如图 4-5 所示。

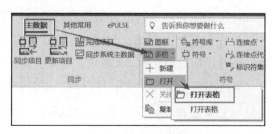

图 4-5　打开表格

创建预规划：结构段总览表格如图 4-6 所示，在右下角选择【预规划：结构段总览（*.f38）】表格类型，复制当前的 F38_001.f38，并将其改名为【F38_001- 规划对象总览 .f38】。用户也可以将名称改为自己熟悉和使用的文件名。

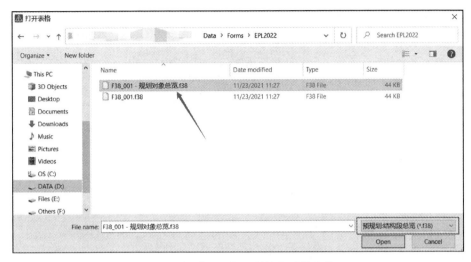

图 4-6　创建预规划：结构段总览表格

用户可根据交付要求，自定义该表格模板。自定义表格名称及表头格式如图 4-7 所示，以插入文本、直线、矩形的方式定义和绘制出该表格的表头名称及表头格式。

图 4-7　自定义表格名称及表头格式

右上角的【表格名称】将是用户定义该表格文件时的文件名称，可参考图 4-6 中箭头所指的文件名称【F38_001- 规划对象总览 .f38】。

然后定义表格主体。在图 4-2 汇总报价单样式中展示的表格主体采用的【表格处理】方式为动态，即报表生成后出现的格式行行数与出表的数据量匹配，当有数据输出时，系统会为该行数据绘制格式。为此，需要在【表格属性】对话框中先将【表格处理】的【数值】信息设置为【动态】。在页导航器中，选中当前设计表格的表格页，右击，在弹出的菜单中选择【属性】命令。在属性卡中找到【<13002> 表格处理】，将【数值】改为【动态】，如图 4-8 所示。

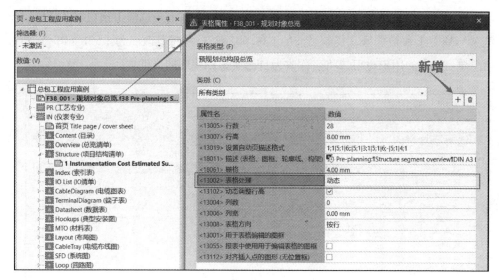

图 4-8　表格处理的设置 - 动态

　　绘制表格主体格式。由于表格处理采用的是动态方案，因此只需要绘制出一行主体格式即可。表格主体的格式依然采用插入直线、矩形等图形进行设计。绘制表格主体格式如图 4-9 所示。

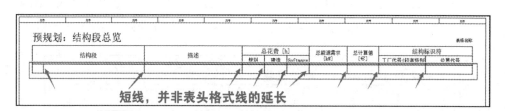

图 4-9　绘制表格主体格式

　　放置相关的属性信息。在菜单栏中，依次单击【插入】→【表格】→【占位符文本】→【插入占位符文本】命令，如图 4-10 所示。

　　根据报表的出表要求，依次选择并配置相应的属性文本。例如，图 4-2 中第一列信息是设计数据在预规划导航器中的层级级数。按照这个要求，在属性栏中选择【结构段】→【<44026> 树中的级别】这一属性，如图 4-11 所示。

　　将该属性放置在表格的格式中，如图 4-12 所示。

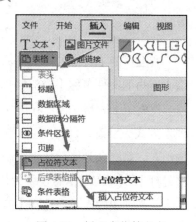

图 4-10　插入占位符文本

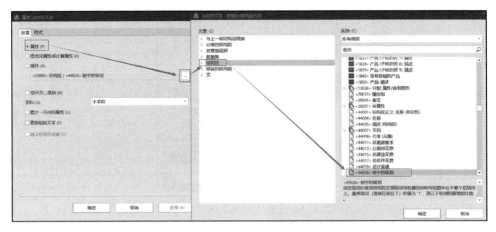

图 4-11 结构段—树中的级别

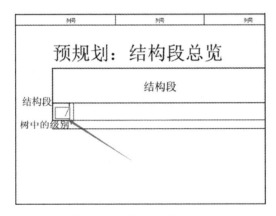

图 4-12 放置占位符文本 -1

以此类推，将用到的其他属性如结构段 / 代号、结构段 / 描述、各费用属性、各能源属性等，依次放置在表格格式中，如图 4-13 所示。

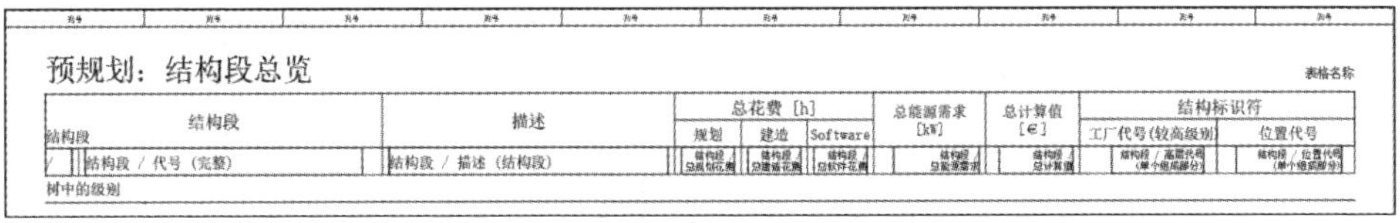

图 4-13 放置占位符文本 -2

放置完各占位符文本后，定义动态表格中动态输出数据的区域。在菜单栏中，依次单击【插入】→【表格】→【数据区域】→【插入数据区域】命令，如图 4-14 所示。

图 4-14 【插入数据区域】命令

将动态的数据行完整地在数据区域中插入，如图 4-15 所示。

预规划：结构段总览									表格名称

图 4-15　插入数据区域

当完成动态表格的设计后，可直接单击图纸编辑框右上角的【×】按钮或在页导航器中对编辑表格右击，在弹出的菜单中选择【关闭】命令，即可将表格设计状态关闭，如图 4-16 所示。

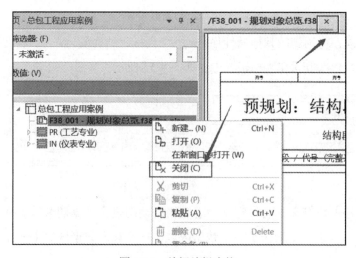

图 4-16　关闭编辑表格

建议与技巧：

1）在进行表格编辑时，建议在打开【栅格】的同时，也开启【对象捕捉】和【捕捉到栅格】两个功能，如图 4-17 所示。

图 4-17　打开【对象捕捉】和【捕捉到栅格】

2）插入数据区域时，一定要将动态区域的信息全部覆盖，不但要覆盖占位符文本，而且要覆盖动态格式的行中短线。只有这样，当采用该表格生成报表时，数据、格式才能正确地动态显示出来。

3）表格的名称可以定义为【项目报价】。

4.4　定制预规划模板

在报价的过程中，有很多信息（如典型设备、典型房间、典型工艺段）具有标准的报价样式供参考，可在每次报价时直接调取出来进行使用，而不需要在每次报价时对其进行创建。例如，标准 PLC 机柜的尺寸、设备采购价（均价误差 10%）、安装费用、耗电量、调试费、设计人工时等信息在每一个项目中的复用率会很高，那么应当将这些复用率很高的信息保存在标准的项目模板或基本项目中，以便新建项目时，这些信息能在新项目中使用。

树形结构和属性要求，可参考图 4-1 的配置样式。

1）可以将【结构段模板】的配置文件导出，为下一次设计所使用，如图 4-18 所示。

2）可以将当前配置、设计的项目存为项目模板，新项目可采用当前的设计状态、模板状态进行进一步设计，如图 4-19 所示。

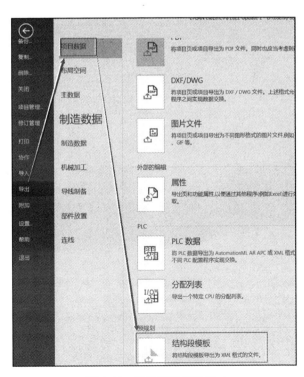

图 4-18　定制预规划模板 -1

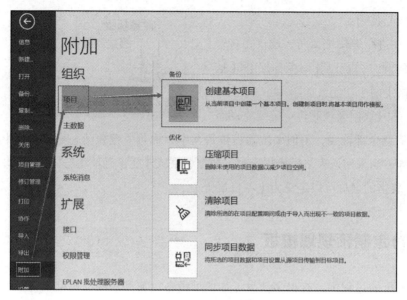

图 4-19   定制预规划模板 -2

第 5 章
管道及仪表流程图设计（P&ID 设计）

在 EPLAN 软件的帮助系统中，管道及仪表流程图是高层代号文档的组成部分。根据标准，管道及仪表流程图用于下列设计目标及要求：

1）显示工艺流程的管路。

2）显示带附属仪器、仪表的配置及总览。

3）工艺设备的功能总览。

本章将介绍通过预规划软件实现对于管道及仪表流程图的设计。

5.1 概念

管路及仪表流程图通常也称为 P&ID（Piping and Instrumentation Diagrams）或 RI 配置（管路及仪表配置）。在 EPLAN 中使用【管道及仪表流程图】概念。

管道及仪表流程图中的信息分为基本信息和附加信息。基本信息包括以下内容：

1）装置和机器（包括驱动机、传输设备和已安装的配件）的功能目的及类型。

2）装置和机器（包括驱动机）的标识编号。

3）装置和机器的标识尺寸。

4）带有额定宽度、压力等级、材料名称的管线，以及通过管线编号、管线级别或标识编号来定义的执行设备。

5）装置、管路和配件的常规说明。

6）带标识编号的测量、调节和控制功能。

7）电机的标识数据。

附加信息包括以下内容：

1）能量和能量载体的命名、流速和数量。

2）能量和能量载体的流程路径及方向。

3）用于测量、调节和控制过程的重要设备的类型。

4）装置和机器的基本材料。

5）生产设备部分的平台高度和大致相对垂直的位置。

6）配件的参考标识符。

7）生产设备部分的命名。

P&ID 设计通常使用在过程控制行业的工艺工程设计专业，由该专业对工艺流程进行规划与设计，规划方案由工艺设备、介质输送管道、控制设备、控制方案、供配电设备方案、供配电方案等几部分组成。因此，在 EPLAN 平台中将使用【管道及仪表流程图】的概念，并且通过采用 P&ID 功能协助用户实现以下的设计内容：

1）设备的功能表达及类型。

2）设备的标识编号。

3）设备的尺寸及标识。

4）设备的工艺需求，如带有额定宽度、压力等级、材料名称的管线，以及通过管线编号、管线级别或标识编号来定义的执行设备。

5）设备、管道和配件的常规设计说明。

6）控制方案的编号及其测量、调节和控制功能的配置与显示。

7）电机的标识数据。

8）管道及设备中工艺介质的名称、物料特性（如固态、气态等）、工艺指标（温度、压力等）等数据。

9）管道特性参数，如尺寸、接液材质、耐压等级、防腐等级、洁净指数等。

10）工艺介质的流动和输送方向。

11）过程控制类设备的类型及测量要求。

5.2 页类型（P&ID）

管道及仪表流程图（P&ID）的设计，在 EPLAN 软件中采用专用的页类型，即【<38>管道及仪表流程图（交互式）】，如图 5-1 所示。

图 5-1　P&ID 页类型

在工程设计阶段里，工艺工程、公用工程、暖通工程、消防工程、给水排水工程等专业的 P&ID 设计，都将在该页类型下进行。

同样，该页类型属于原理图，故图纸不设缩放比例，采用默认的 1:1 比例。

通常，P&ID 的图幅采用 A2、A1、A0 居多，除非设备或工艺流程示意简单，才会采用 A3、A4 等相对较小的图幅。本书将统一采用 A1 图幅进行 P&ID 设计讲解。

对于图幅的选择，可以采用图 5-1 所示的【<11016> 图框名称】进行配置。

对于 P&ID 的设计，如果无特殊要求，也将统一采用 2.5mm 栅格进行设计，并且该栅格配置将贯穿于 P&ID 设计、P&ID 符号及符号库设计中。

5.3　PCT 回路及 PCT 回路功能

在工艺工程设计中，常常会使用回路或者回路功能的概念。例如，在 EPLAN Preplanning 软件（EPLAN 预规划软件）中，工艺设计过程中的控制或供配电回路，将采用 PCT 回路及回路功能的概念。

PCT 回路是指控制回路或用电设备回路，缩写 PCT 代表过程控制技术（Process Control Technology）。也可用 MSR 回路或 EMSR 回路来说明 PCT 回路，EMSR 可用于电子、测量、控制和调节技术。

在一个 PCT 回路中，可以包含多个规划对象及多个 PCT 回路功能。

PCT 回路功能用于描述 PCT 回路下的一个或部分设备或功能的信息。PCT 回路功能默认分为测量功能和用电设备功能两种。在同一个 PCT 回路下，可以建立一个或多个、一种或多种 PCT 回路功能，如图 5-2 所示。

图 5-2 中，【PCT 回路】→【回路】多用于在 P&ID 中示意有关仪表控制要求，用于示意当前工艺位置下的测量信息、控制要求；【PCT 回路】→【用电设备回路】多用于在 P&ID 中示意有关供配电要求，用于示意当前工艺位置下的设备供电要求、供电方案、馈电方案等要求。PCT 回路功能如图 5-3 所示。

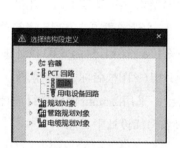

图 5-2　PCT 回路

图 5-3　PCT 回路功能

注意：不论是 PCT 回路，还是 PCT 回路功能，都意味着这里的设计是功能示意设计，功能示意设计中不包含设备选型。凡涉及回路功能中设备选型的，均需要给回路或回路功能搭载【规划对象】。规划对象的概念及应用将在后续章节中进行讲解。

通常情况下，规划对象和回路功能 / 回路多以从属关系存在。例如，一个流量控制回路中可以包含控制阀（一个或多个）、流量计（一个或多个）、泵电机的变频器（一个或多个）等设备。

5.4 PCT 回路设计符号图例

在管道及仪表流程图中，PCT 回路和 PCT 回路功能通过使用这些设计符号对相关控制、供电设备在 P&ID 上进行表达。ISAS5 规范中回路标识图例如图 5-4 所示。

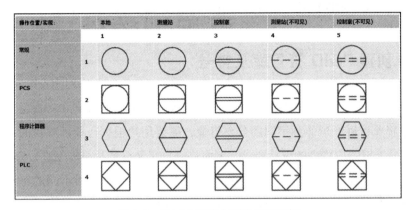

图 5-4　ISAS5 规范中回路标识图例

在 EPLAN 预规划软件中，这些回路符号也都存储在特殊符号库中（见图 5-5），用户可以通过插入符号的方式将这些回路、回路功能符号放置在 P&ID 中。

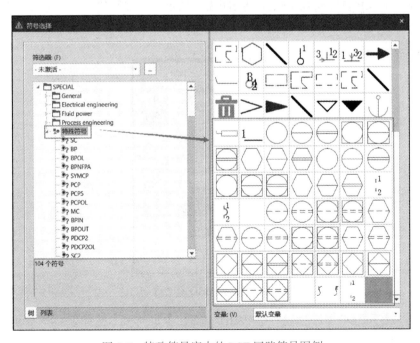

图 5-5　特殊符号库中的 PCT 回路符号图例

在 EPLAN 预规划软件中，特殊符号库为安装即所得的符号库，不需要用户单独进行创建或安装。且特殊符号库在 EPLAN 预规划软件中为只读符号库，即不可进行扩展和修改。若在设计中，需要进行设计符号图例的增加，用户可自行创建一个或多个符号库，将自定义符号图例及专用符号图例存放在自定义符号库中。

创建自定义 P&ID 符号库及符号的方法，请参见以下章节的介绍。

5.5　创建 P&ID 符号库及符号

尽管在 EPLAN 所提供的标准符号库中已包含了 300~500 个的 P&ID 常用设计符号，但随着项目逐渐延伸到不同的分支行业，需要用户根据行业、项目的需要进行自定义符号，以适应更高的设计要求。下面将对自定义符号及符号库进行介绍。

用户可根据项目、标准、管理的要求建立多个符号库，并对不同的符号库赋予不同的设计范围属性，进行独立使用和独立管理操作。

5.5.1　创建 P&ID 符号库

首先，在 EPLAN 预规划软件中关闭无关的项目，并新建一个空项目，如图 5-6 所示。

图 5-6　创建 P&ID 符号库 -1

然后，在页导航器中创建一个 P&ID 页面，【页类型】选择【<38> 管道及仪表流程图（交互式）】，如图 5-7 所示。

图 5-7　创建 P&ID 符号库 -2

在菜单栏中依次单击【主数据】→【符号库】→【新建】命令，如图 5-8 所示。

图 5-8　创建 P&ID 符号库 -3

在弹出的【创建符号库】对话框中，输入将要创建的符号库名称如输入【Test_P&ID.slk】，如图 5-9 所示。

输入完成后，单击【Save】按钮，将弹出如图 5-10 所示的【符号库属性】对话框。

若在显示框中未显示出【<15011> 符号库描述】和【<15012> 版本】两个属性，可单击【+】按钮进行添加。若该符号库不存在开发迭代需求，【<15012> 版本】属性可选择不填写。将这两个属性填写完毕后，单击【确定】按钮回到程序主界面。此时一个空白的、名为【Test_P&ID】的符号库就创建完成了。

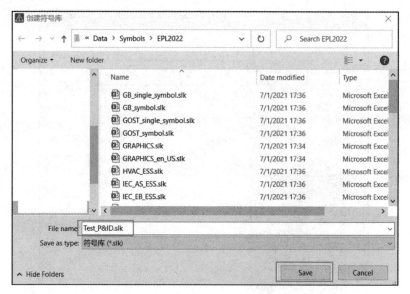

图 5-9　创建 P&ID 符号库 -4

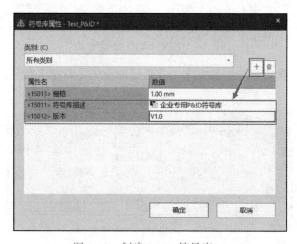

图 5-10　创建 P&ID 符号库 -5

5.5.2　创建 P&ID 符号

用户在自定义并创建符号之前，请先确认已按照 5.5.1 节的要求完成自定义符号库的创建。创建自定义符号，需要按照以下两个操作步骤进行。

1. 打开符号库

首先，在菜单栏中依次单击【主数据】→【符号库】→【打开】命令，如图 5-11

所示。

在如图 5-12 所示的【打开符号库】
对话框中选择将要用于保存新建符号
的符号库。本书自定义的 P&ID 符号
将统一创建在【Test_P&ID】符号库中。
选中【Test_P&ID.slk】符号库后，单
击【Open】按钮。

图 5-11　打开自定义符号库 -1

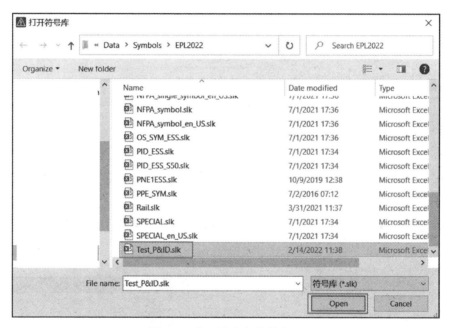

图 5-12　打开自定义符号库 -2

若该符号库为新符号库时，系统将弹出如
图 5-13 所示的提示，单击【确定】按钮即可。

若该符号库中已包含符号，则系统会打开当
前的符号库，如图 5-14 所示，用户只需单击右
上角的【×】按钮或是右下角的【取消】按钮即可。

图 5-13　打开自定义符号库 -3

无论用户是单击如图 5-13 所示的【确定】按
钮（新符号库），还是单击如图 5-14 所示的【×】或者【取消】按钮（符号库中已
包含符号），系统均会打开所选符号库，并显示程序主界面。此时，可按照下面的
介绍进行新的 P&ID 符号的创建。

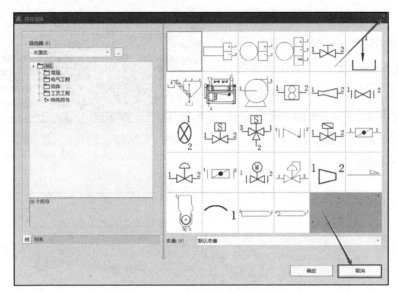

图 5-14　打开自定义符号库 -4

2. 创建 P&ID 符号

用户可按照以下方式进行自定义符号的新建。首先，在菜单栏中依次单击【主数据】→【符号】→【新建】命令，如图 5-15 所示。

单击【新建】后，系统将弹出如图 5-16 所示的【生成变量】对话框，用户可选择【变量 A】，然后单击【确定】按钮。

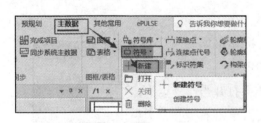

图 5-15　新建自定义符号 -1

图 5-16　新建自定义符号 -2

在这里，用户可以选择任意一个变量作为目标变量。共有 A~H 8 个变量可以选，建议用户从 A 开始选，以便后期的维护与管理。

假设需要创建一个控制阀的符号，用户需要在如图 5-17 所示的对话框中依次完成相应的属性配置。

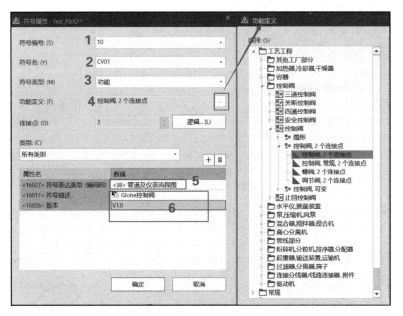

图 5-17　新建自定义符号 -3

其中：

1）符号编号。它是该符号在当前 EPLAN 符号库里的唯一标识号，同一个符号库中不能有重号。

2）符号名。它是该符号在当前 EPLAN 符号库中的缩写名称，不建议重号。

3）功能。它是该符号在当前 EPLAN 符号库中的使用功能，此时，创建的图形符号是用于在图中示意设备的符号，因此需要选择功能。

4）功能定义。它是该符号在当前 EPLAN 符号库中的功能分类，该分类用户不可以新建，只能在现有的功能定义中进行选择。

5）符号表达类型。它是该符号的使用场景，在这里，选择【<38> 管道及仪表流程图】。

6）符号描述和版本。符号描述是用于对当前符号的项目说明，与符号名相互对应；版本可由用户自行决定该属性是否使用，以及如何定义版本阶段。

当以上的信息全部填写完毕后，单击【确定】按钮。此时，软件将打开如图 5-18 所示的界面，双击页导航器中的符号编辑页。

在符号编辑页的正中间有一个系统自带的红色空心点，该点为符号基准点，即该符号在使用时，从符号库选择后向图纸放置时，鼠标的十字星所在的位置，如图 5-19 所示。

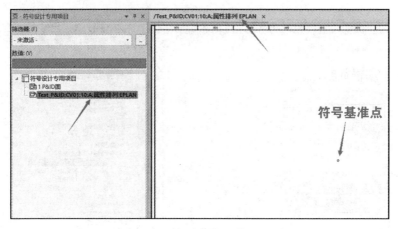

图 5-18　新建自定义符号 -4

在进行符号创建之前,请按照如下操作,将栅格定义为 2.50mm。在菜单栏单击【文件】→【设置】命令,在弹出的【设置:2D*】对话框中选择【用户】→【图形的编辑】→【2D】,将【栅格大小 B】定义为 2.50mm,如图 5-20 所示。

当定义完 B 栅格大小为 2.50mm 后,单击【确定】按钮,关闭当前设置页面。

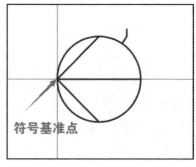

图 5-19　新建自定义符号 -5

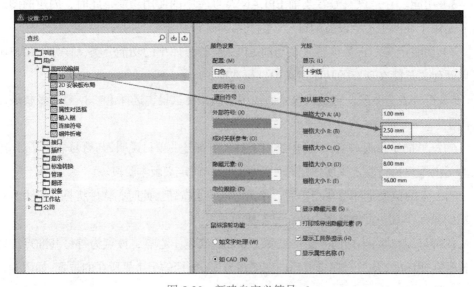

图 5-20　新建自定义符号 -6

然后，单击图形编辑页面的右下边中的栅格下拉菜单按钮【▼】，选择【栅格 B：2.50mm】，如图 5-21 所示。

此时，编辑页面右下边栏显示【栅格 B：2.50mm】，如图 5-22 所示。

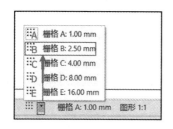

图 5-21　新建自定义符号 -7　　　　　　图 5-22　新建自定义符号 -8

在符号编辑页面中，用户可通过线条绘制的方式创建符号的图形样式。单击【插入】→【图形】命令，可对线条的样式进行选择，如图 5-23 所示。

当完成符号的图形绘制后，按照如图 5-24 所示的操作步骤给符号插入相应的连接点，以实现符号放置到图纸中后能自动连线。

图 5-23　新建自定义符号 -9

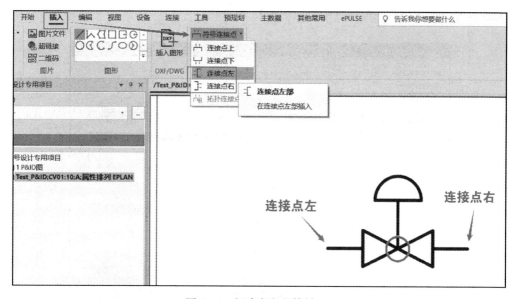

图 5-24　新建自定义符号 -10

完成连接点定义后的效果如图 5-25 所示。

在完成符号连接点的定义后，用户可通过配置【已放置的属性】选项，对该符号放置在图纸上时属性的显示顺序和样式进行预定义。首先单击软件界面右上角的人物头像，在下拉菜单中选择【显示菜单栏】命令（见图 5-26），然后单击下边栏的【编辑】→【已放置的属性】命令（见图 5-27）。

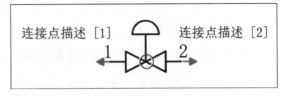

图 5-25　新建自定义符号 -11

图 5-26　新建自定义符号 -12

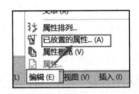

图 5-27　新建自定义符号 -13

根据属性显示的要求，在弹出的【属性放置】对话框中单击【+】按钮，将属性依次从新增配置里调入配置框中，如图 5-28 所示。

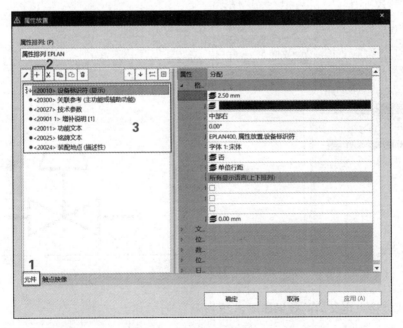

图 5-28　新建自定义符号 -14

将属性显示样式定义完毕后，单击【确定】按钮，返回符号编辑状态页中。此时，需要手动将属性显示样式信息拖放至目的位置，效果如图 5-29 所示。

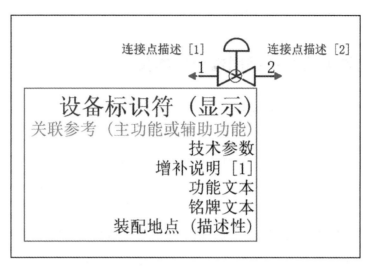

图 5-29　新建自定义符号 -15

到这里，一个自定义的 P&ID 符号就创建完毕，在页导航器里右击符号编辑页，在弹出的菜单中选择【关闭】命令，或单击图形编辑区右上角的【 × 】按钮，关闭符号编辑页即可，如图 5-30 所示。

图 5-30　新建自定义符号 -16

建议与技巧：

1）创建、修改符号时，请把当前的设计项目关闭，新建或打开一个空白的项目，在该空白项目中进行符号的创建与修改，创建与修改完毕后，关闭当前空白项目，再开启原设计项目，此时，系统将提示【主数据更新】建议，单击【确定】按钮即可将修正后的符号库更新到当前项目中。

2）在定义【已放置的属性】时，可通过插入一个已有的符号，直接带出该插入符号的【已放置的属性】，然后删去插入符号的图形及连接点，将其带出的【已放置的属性】拖拽到目标位置下即可。

5.6　管道及仪表流程图中的结构段

结构段，在 EPLAN 预规划导航器中进行创建与管理，用于标识工艺段结构及工艺段规划的要求。

在进行 P&ID 图纸设计时，可以将结构段作为结构盒放置在管道及仪表流程图中，同时可将结构段信息直接显示在管道仪表流程图中。采用这样的设计方式与设计表达，可清晰地在管道及仪表流程图中标识出设备及信号或回路所归属的结构段及工艺段。通过采用这样的方式，还可以将预规划的工艺段设计方案与项目结构设计要求紧密地联系在一起。

因此，可以从预规划导航器中将某个定义好的结构段（工艺段）用鼠标直接拖放到管道及仪表流程图页上，并框选需要定义到其中的设备、管道定义点、PCT 回路等，此时会生成该结构段的关联参考，并且该关联参考信息将作为结构盒被放置在管道及仪表流程图图页中。当结构段的结构标识符被传输至此结构盒上时，在预规划导航器中会显示出参考结构段附属的结构盒（▦）图标。放置结构盒如图 5-31 所示。

在此功能基础上，也可以通过如下的操作做以下设计的内容：

1）参考结构段（以及可能的上级结构段）的属性可能显示在管道及仪表流程图页上的结构盒上。因此，可以在【属性选择】对话框中找到相应的【结构段】和【分级的结构段】源对象的信息，将需要显示的各级结构段信息显示在图纸相应的位置中。

2）同一个结构段可被多次放置在同一张或多张管道及仪表流程图中。在管道及仪表流程图中，采用结构盒将所绘制的属于相同结构盒下的装置和设备进行包围，既可以采用矩形框的方式进行定义（见图 5-31），也可以采用折线框形式（见图 5-34）。

对于折线框的使用，需要在将结构段信息从预规划导航器拖出且还未放置到管道及仪表流程图前，按〈Backspace〉键，弹出如图 5-32 所示的【放置设备／设备】对话框，选中【各个功能】单选按钮，勾选【符号选择】复选框，单击【确定】按钮。

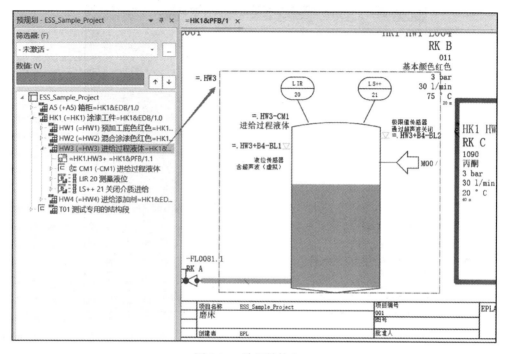

图 5-31　放置结构盒 -1

图 5-32　放置结构盒 -2

在弹出的如图 5-33 所示的【符号选择】对话框中，选择【SPECIAL】→【特殊符号】→【SC2】，此时，将从矩形框结构盒切换到折线框结构盒。

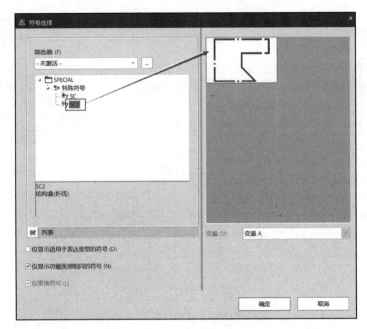

图 5-33 放置结构盒 -3

折线框形式的结构盒绘制效果如图 5-34 所示。

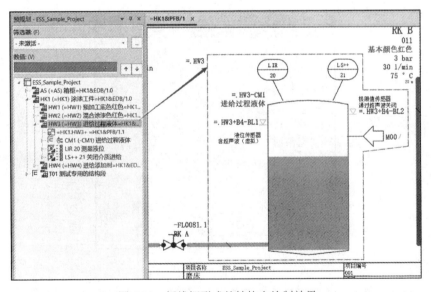

图 5-34 折线框形式的结构盒绘制效果

1）可以通过选择【转到（图形）】命令弹出菜单项，从预规划导航器中显示的结构盒跳转到管道及仪表流程图页上，如图 5-35 所示。

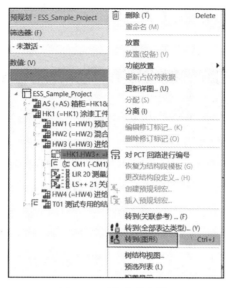

图 5-35 转到（图形）

2）在预规划导航器中结构段上已修改的结构标识符，也可以通过选择【更新详图】命令弹出菜单项传输至已放置的结构盒，如图 5-36 所示。为此，需在【更新详图】对话框中勾选【更新设备标识符和符号地址】复选框，如图 5-37 所示。

图 5-36 更新详图 -1

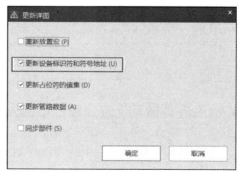

图 5-37 更新详图 -2

5.7 管道及仪表流程图中的管路定义

通过管路定义可以在管道及仪表流程图中对管道进行定义，包括对管道的编号、

材质、介质物化特性等信息进行记录，也可以在预规划导航器中定义管道上安装的
设备，如图 5-38 所示。

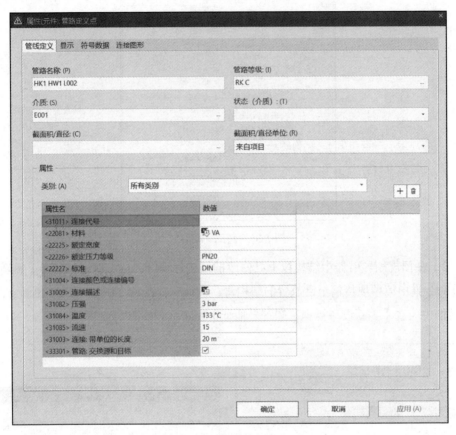

图 5-38　管道信息表达

5.7.1　在管道及仪表流程图中插入管路定义点

首先可以使用预规划中的管路规划对象，然后从预规划导航器中将管路规划对
象放置在管道及仪表流程图内。此时产生一个管路定义点，该定义点带有指向管路
规划对象的参考。管路规划对象的数据被分配给管路定义点。

管路定义点可以不通过预规划的方式进行设计，而是在【预规划】菜单栏的选
项下直接选择【管路定义点】进行设计，如图 5-39 所示。还可以将管路定义点放置
在一条自动连接线的线路上，对该线路直接进行管路的定义。对于管路连接装置，
也可以在后续的设计中为其分配一个管路规划对象，如图 5-40 所示。

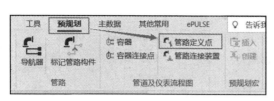

图 5-39 管路定义点非预规划设计示意

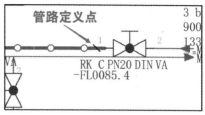

图 5-40 管路定义点示意图

5.7.2 管路的线路及源和目标

如同电路设计一样，软件会根据连接规则确定管路的源和目标。

在【属性（元件）：管路定义点】对话框中，通过勾选【<33301> 管路：交换源和目标】后的复选框，可以在管路定义点上交换某个管路的源和目标，如图 5-41 所示。但只有当在预规划中在所链接的管路规划对象上未完全确定源和目标时，方可实现此操作。如果管道及仪表流程图中的源和目标与预规划中已分配管路的源和目标不匹配，则可以借助项目检查属性（ID028027）对此进行检查。

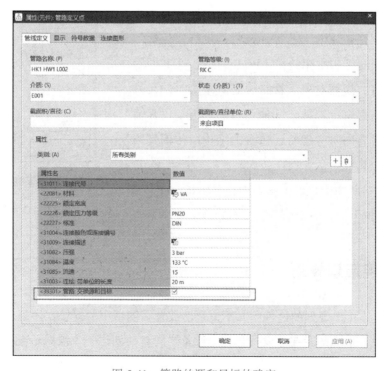

图 5-41 管路的源和目标的确定

5.7.3 标记并编辑管路构件

为了在管道及仪表流程图中以颜色突出显示已确定的管路并在必要时编辑管路构件，可以使用【预规划】菜单栏下的【标记管路构件】菜单项，如图 5-42 所示。

图 5-42　标记管路构件

如果通过【标记管路构件】菜单项选择了一个管路定义点，则将通过管路定义点上的源和目标确定管路的流动方向。在连接部件上的源和目标与管路的流动方向不匹配的所有地方，将自动放置连接定义点，针对这些连接定义点激活调换源和目标属性。由此将流动方向传输至整个管路。

5.8 插入带管道及仪表流程图数据的窗口宏

如果需要重复使用管道及仪表流程图页中包含的数据及符号组合，应将其保存为窗口宏。其中，不仅可以保存常用的工艺工程符号，也可以包含与来自预规划的结构段相链接（PCT 回路、PCT 回路功能、容器、规划对象、管路规划对象等）的元件及设备。当把窗口宏插入其他项目的管道及仪表流程图时，需要同时考虑将已包含的结构段传输到当前项目中。

图 5-43　插入窗口宏和符号宏

可通过软件右侧栏的【插入中心】功能，将【窗口宏 / 符号宏】插入图纸中，如图 5-43 所示。

5.9 连接预规划

在创建连接预规划的过程中，不论是已放置在图纸中的连接，还是未放置在图纸中的连接，系统都会在源设备和目标设备之间自动创建一个预规划连接。该规则同样适用于电缆规划对象的预规划连接的创建。

5.10 图形设计显示规划结构信息

在 V2.9 版本中，可将预规划的结构信息直接调取到 P&ID 图纸中，以更方便地在图纸中查阅规划设计信息、工艺系统信息等内容，如图 5-44 所示。

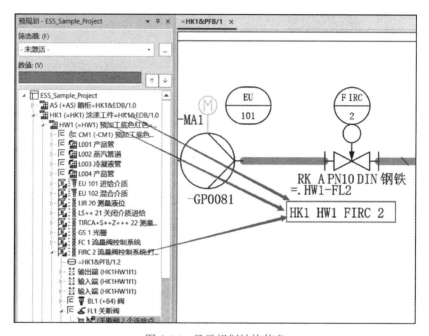

图 5-44　显示规划结构信息

5.11 P&ID 设计细节优化

为了更加方便地进行 P&ID 设计及对 P&ID 图面信息表述，从 V2.9 版本开始，EPLAN 预规划相应地增加了以下设计功能。

5.11.1　结构段新增窗口宏预定义设计

为了可以用 P&ID 或预规划图形显示现有的结构段设计信息，软件中增加了可以在所有结构段上保存带有图形预规划或管道及仪表流程图部分的窗口宏。这样可以极大地方便用户通过该窗口宏快速完成图纸中的相关设计（见图 5-45），在这之前则需要通过 Excel 导入的方式加载到结构段设计中。

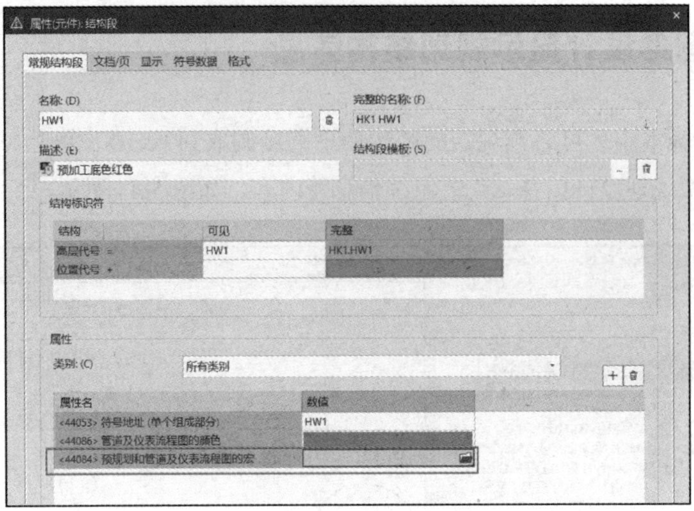

图 5-45　预规划结构段新增窗口宏存储属性

5.11.2　P&ID 中的管路与元件着色

为了在管道及仪表流程图中识别容器、PCT 回路、管路等，以及预规划中的结构段，可以为管道及仪表流程图中的这些元件和对象着色。为此，在预规划导航器中结构段的【属性】对话框内选择新属性管道及仪表流程图的颜色 （ID 44086） 并确定所需的颜色。在【设置：常规】对话框中对【为管道及仪表流程图中的元件和管路着色】按需求进行勾选即可，如图 5-46 所示。

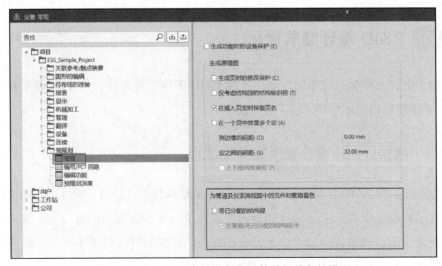

图 5-46　为 P&ID 中的设备和元件进行着色的设置

举例：

1）已勾选【设置：常规】对话框中的着色选项，但未配置着色设置时的 P&ID 如图 5-47 所示。

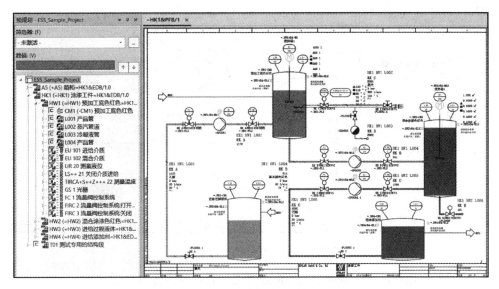

图 5-47　未配置着色设置时的 P&ID

2）为 P&ID 进行着色配置如图 5-48 所示，将着色定义为品红色。

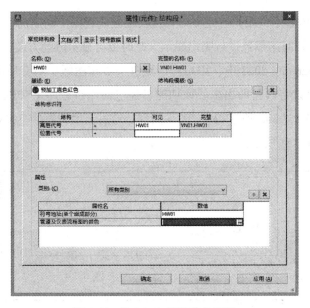

图 5-48　为 P&ID 进行着色配置

3）完成着色后的 P&ID 效果如图 5-49 所示。

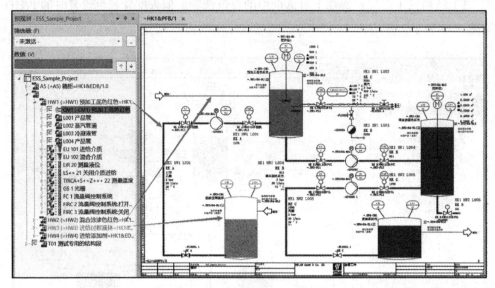

图 5-49　完成着色后的 P&ID 效果

该功能可以帮助用户对介质的流向进行更加直观的表述与设计。

5.11.3　管路设计标注介质流向

在 EPLAN PPE 中，用户已经可对管道及仪表流程图中确定的管路通过【标记管路构件】菜单项暂时用颜色进行突出显示，此时也会显示流动方向，如图 5-50 所示。在 EPLAN Preplanning 2023 中，用户可以更进一步在图纸中对介质流动方向持续进行显示，并且可以将其打印出来。该功能可通过使用符号库【SPECIAL】中的两个新特殊符号（AR1 // 302 和 AR2 // 303）实现。通过新增的符号直接在图中标出管路介质流向，如图 5-51 所示。

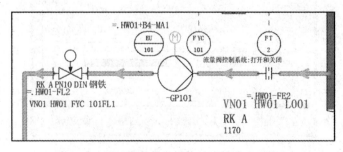

图 5-50　通过管路构件功能显示管路介质流向

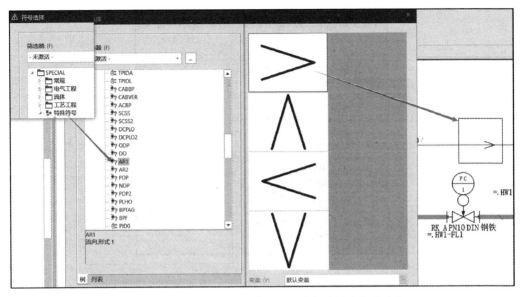

图 5-51 通过新增的符号直接在图中标出管路介质流向

5.12 管道信息一览表

用户在设计完成管道及仪表流程图后，可将 P&ID 中的管线定义信息按照输出格式的要求，生成相应的管道信息一览表，如图 5-52 所示。

管道及仪表流程图:管路概览 F37_003

介质编号	公式	管路等级	打印	截面积	长度	规划花费	建造花费	软件花费	价格	源	目标	管线部分	管路	管线定义	放置
1170	C2H5OH	RK A	3 bar	DN40	30 m	1h	10h	0,5h	0,00	=HK1.HW1+-CM1	=HK1.HW3+-CM1	=HK1.HW1+-FL1	产品管	HK1 HW1 L001	=HK1&PFB/1.0
												=HK1+-FL0081.1			
												=HK1+-GP0081			
												=HK1.HW1+-FL2			
E001	H2O	RK C	3 bar		20 m	1h	30h	0,5h	0,00		=HK1.HW1+-CM1-EB0084	=HK1.HW1+-FL3	蒸汽管道	HK1 HW1 L002	=HK1&PFB/1.5
												=HK1+-FL0085.4			
E002	H2O	RK B	0,1 bar		5 m	1h	10h	0,5h	0,00			=HK1+-FL0085	冷凝液管	HK1 HW1 L003	=HK1&PFB/1.6
												=HK1+-XD0085			
011		RK B	3 bar		20 m	1h	50h	0,5h	0,00	=HK1.HW2+-CM1	=HK1.HW1+-CM1	=HK1.HW2+-FL1	产品管	HK1 HW1 L004	=HK1&PFB/1.4
												=HK1+-GP0086			
												=HK1.HW2+-FL2			
1090	CH3COCH3	RK C	3 bar		40 m	1h	10h	0,5h	0,00	=HK1.HW4+-CM1	=HK1.HW2+-CM1	=HK1.HW2+-FL3	产品管	HK1 HW2 L005	=HK1&PFB/1.4
												=HK1+-FL0085.1			
												=HK1+-GP0086.1			
												=HK1.HW2+-FL4			
101		RK B	3 bar		30 m	1h	10h	0,5h	0,00		=HK1.HW2+-CM1	=HK1+-FL0089	成品管	HK1 HW2 L006	=HK1&PFB/1.9

图 5-52 管道信息一览表

该报表类型采用的是【管道及仪表流程图：管路概览】表。用户可在 EPLAN 预规划软件安装完成后，在系统中找出相应的表格，如图 5-53 所示。

图 5-53　管路概览表

第 2 部分　高效设计简介

第 6 章
预规划设计

项目在进入详细设计之前，往往会经历项目初期报价、初版规划图设计的阶段。在该阶段中，工程师需要结合客户需求为产线、车间做出预估阶段的规划方案，并且通过该规划方案对产线、车间的布局合理性、预算价格等信息进行统计和判断。下面将以产线规划及价格估算为设计目标进行介绍，所使用的产线方案和宏均来自EPLAN 软件自带的 ESS 示例项目。

在本章的设计中，需要用到的 EPLAN 系统及模块：

1）EPLAN 预规划专业版独立安装版。

2）EPLAN Electric P8 专业版独立安装版及 EPLAN 预规划专业版插件版（本书采用该配置）。

6.1 产线的规划设计

1）准备相应的预规划窗口宏。以 EPLAN 自带项目为例进行操作：打开 EPLAN软件自带的 ESS_Sample_Macros 项目，选择到项目，高亮选择需要输出并生成宏的页。例如，在如图 6-1 所示的结构中，选择【002（预规划）】结构下的图纸，然后在菜单栏中依次单击【主数据】→【宏】→【自动生成】命令。

这里主要用到【002（预规划）】下的窗口宏。其中，201（电源）、202（电源24V）、203［电气驱动控制系统（工件运输）］等几个结构下的窗口宏，将在产线预规划布局完成后，配合生成相应的电气原理图。

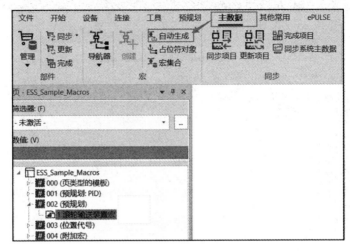

图 6-1 生成预规划窗口宏

2）创建新项目，采用【IEC_bas001.zw9】作为项目模板（见图 6-2），并将【项目类型】选择为【原理图项目】（见图 6-3）。

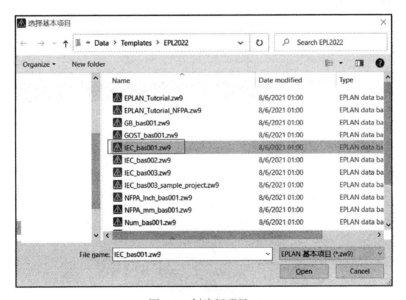

图 6-2 创建新项目 -1

3）项目创建完毕后，根据项目结构设计的要求，将【新建页】对话框中的【页类型】选为【<54> 预规划（交互式）】。需要注意的是，该页可以具有设计比例，当且仅当用户的设计基础（如预规划窗口宏 / 页宏）是按照比例进行设计准备的，在这里才需要将比例设置为相匹配的参数（1：1）。创建规划图如图 6-4 所示。

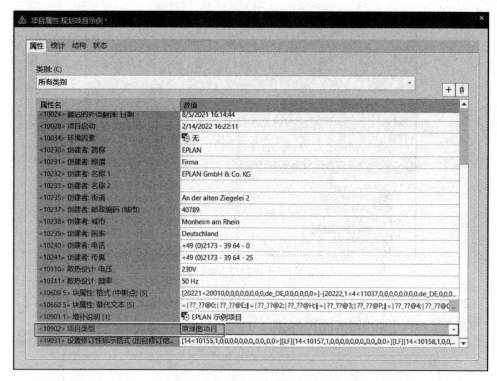

图 6-3   创建新项目 -2

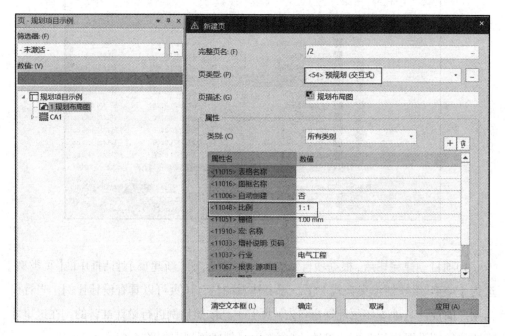

图 6-4   创建规划图

4）打开预规划导航器，同时将准备好的产线规划窗口宏（ema）根据设计方案要求，通过插入中心插入并放置在规划图纸中。在【插入中心】对话框中选择【窗口宏／符号宏】→【Ess_Macro】→【000_Preplanning】，如图6-5所示，依次将窗口宏放置到预规划图纸当中。

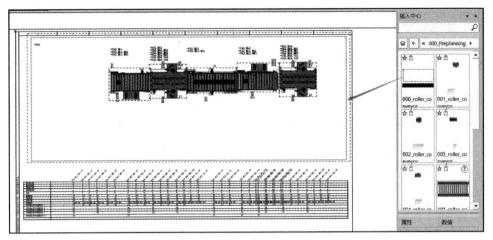

图 6-5　预规划窗口宏放置设计 -1

在放置窗口宏的过程中，系统会将宏设计过程中预置在窗口宏的预规划信息随着窗口宏的放置加入预规划导航器中，如图6-6所示。

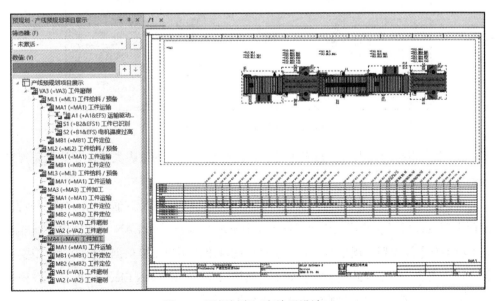

图 6-6　预规划窗口宏放置设计 -2

在预规划导航器中的数据结构会随着产线窗口宏的放置自动建立，用户只需要根据设计要求将产线规划窗口宏按照设计的要求进行合理放置和布局即可。

1）生成产线预规划电气原理图。在预规划导航器中，依次展开每一个结构段，选中其下每一个带有宏标识的规划对象，用鼠标拖放至页导航器中，相应结构段下的电气原理图将依次自动生成，如图6-7所示。

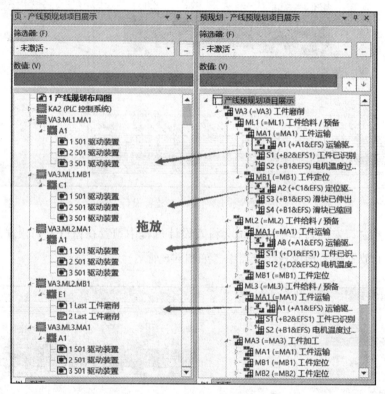

图 6-7 生成产线预规划电气原理图

2）生成相应的报表。在报表工具中，依次创建所需的报表类型，并补充完善报表的生成规则。

可根据设计的实际需求对报表进行相应的输出。图6-8中，方框中的【总规划列表】是预规划设计所对应的报表内容。图6-9中所示的是采用EPLAN预规划软件标准表格 F40_006【预规划：规划对象总览】进行的输出，用户可以根据项目的设计需要对报表输出内容、输出样式进行单独定制，具体可参考《EPLAN Electric P8 官方教程》及《EPLAN 高效工程精粹官方教程》报表设计章节。

图 6-8 预规划设计报表模板样式

预规划：规划对象总览

P40_005

	规划对象	描述 备注							总花费 [h]			总能源需求 [kW]	总价 [€]	操作位置	实现	文档
									规划	建筑	Software					
1	VA3 MA3 MA1 A3	运输驱动装置 1	2	3					2.0	2.0	2.0	0.0	1000.00	本地	常规	
2	VA3 MA3 MA1 S5	工件已识别		1					1.0	1.0	1.0	0.0	500.00	本地	常规	
3	VA3 MA3 MA1 S6	电机温度过高		1					1.0	1.0	1.0	0.0	500.00	本地	常规	
4	VA3 MA3 MB1 A4	定位驱动装置 1	2	2					2.0	2.0	2.0	0.0	1000.00	本地	常规	
5	VA3 MA3 MB1 S7	打磨剂已停止		1					1.0	1.0	1.0	0.0	500.00	本地	常规	
6	VA3 MA3 MB1 S8	打磨剂已喷回		1					1.0	1.0	1.0	0.0	500.00	本地	常规	
7	VA3 MA3 MB2 A5	定位驱动装置 2	2	2					2.0	2.0	2.0	0.0	1000.00	本地	常规	
8	VA3 MA3 MB2 S10	打磨剂已喷回		1					1.0	1.0	1.0	0.0	500.00	本地	常规	
9	VA3 MA3 VA1 A6	摆转驱动装置 1							2.0	2.0	2.0	0.0	1000.00	本地	常规	
10	VA3 MA3 VA2 A7	摆转驱动装置 2							2.0	2.0	2.0	0.0	1000.00	本地	常规	
11	VA3 ML1 MA1 A1	运输驱动装置 1	2	3					2.0	2.0	2.0	0.0	1000.00	本地	常规	
12	VA3 ML1 MA1 S1	工件已识别		1					1.0	1.0	1.0	0.0	500.00	本地	常规	
13	VA3 ML1 MA1 S2	电机温度过高		1					1.0	1.0	1.0	0.0	500.00	本地	常规	
14	VA3 ML1 MB1 A2	定位驱动装置 1	2	2					2.0	2.0	2.0	0.0	1000.00	本地	常规	
15	VA3 ML1 MB1 S3	清洗已喷出		1					1.0	1.0	1.0	0.0	500.00	本地	常规	
16	VA3 ML1 MB1 S4	清洗已喷回		1					1.0	1.0	1.0	0.0	500.00	本地	常规	
17	VA3 ML2 MA1 A8	运输驱动装置 1	2	3					2.0	2.0	2.0	0.0	1000.00	本地	常规	
18	VA3 ML2 MA1 S11	工件已识别		1					1.0	1.0	1.0	0.0	500.00	本地	常规	
19	VA3 ML2 MA1 S12	电机温度过高		1					1.0	1.0	1.0	0.0	500.00	本地	常规	
20	VA3 ML2 MB1 A9	定位驱动装置 1	2	2					2.0	2.0	2.0	0.0	1000.00	本地	常规	
21	VA3 ML2 MB1 S13	清洗已喷出		1					1.0	1.0	1.0	0.0	500.00	本地	常规	
22	VA3 ML2 MB1 S14	清洗已喷回		1					1.0	1.0	1.0	0.0	500.00	本地	常规	
23	VA3 ML3 MA1 A1	运输驱动装置 1	2	3					2.0	2.0	2.0	0.0	1000.00	本地	常规	
24	VA3 ML3 MA1 S1	工件已识别		1					1.0	1.0	1.0	0.0	500.00	本地	常规	
25	VA3 ML3 MA1 S2	电机温度过高		1					1.0	1.0	1.0	0.0	500.00	本地	常规	
	预列:															
	合计:		16	36					36.0	36.0	36.0	0.0	17500.00			

图 6-9 总规划列表样式

操作建议：

1）产线规划设计宏（ema）推荐采用带有比例的设计方案，该宏的复用性、灵活性比无比例（或比例为 1:1）的宏更具有实际的参考意义。

2）宏的准备过程中，建议在相应的预规划结构段中预留报价可能的属性，如规划花费（小时）、建造花费（小时）、软件花费（小时）、预算值（千元）等，对于需要做统计的参数，建议按照项目和报表的要求进行全局统一设置，如图 6-10 所示。

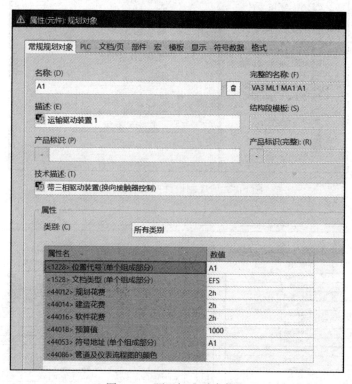

图 6-10　预置标准需求信息

3）在每一个规划宏中，建议将标准需求属性（设计人工时、安装人工时、耗电需求等）直接写入并保存，当该宏被调用时，可为设计工程师提供极大的便利，为之后的标准报表输出提供更多的设计标准参考。

4）若建议中的标准需求属性（设计人工时、安装人工时、耗电需求等）并未显示，用户在 EPLAN 软件中自行创建即可。属性自定义如图 6-11 所示。创建项目自定义属性如图 6-12 所示，【标识性名称】输入完

图 6-11　属性自定义

毕后，单击【确定】按钮。自定义属性可以按照中文的方式进行命名，但本书建议采用英文或英文＋数字的方式进行命名。

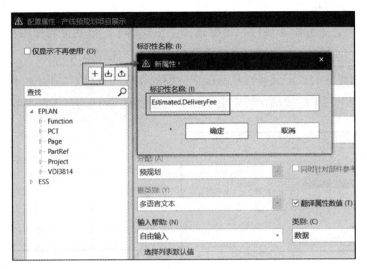

图 6-12　创建项目自定义属性

输入【标识性名称】时的每一个小数点将对该属性进行分层，如图 6-13 左边树形结构所示。每一个小数点将分出一层。

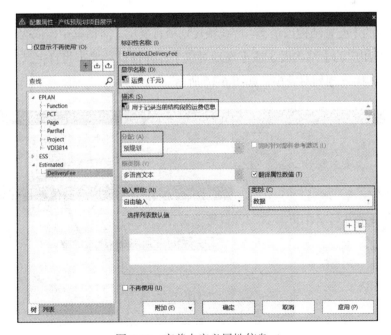

图 6-13　完善自定义属性信息 -1

　　根据对属性的定义，依次将【显示名称】【描述】进行输入。若需要有多语言显示、翻译等的设计要求时，可在该当前对话框中右击，在弹出的菜单中选择【多语言输入】命令，在其他语种框中输入相应内容即可，如图 6-14 所示。

　　图 6-13 中，【分配】属性一定要选择【预规划】，该功能将使用在预规划设计环境中。配置信息输入完毕后，单击【确定】按钮，保存退出。

　　下面将创建好的自定义属性从系统中分配到相应的预规划结构段 / 规划对象中。单击【预规划】→【配置结构段定义】，进入预规划属性配置管理，如图 6-15 所示。

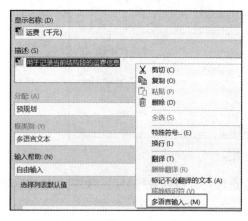

图 6-14　完善自定义属性信息 -2

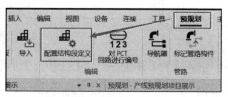

图 6-15　进入预规划属性配置管理

　　在弹出的【配置结构段定义 - 产线预规划项目展示】对话框中，依次在左边树形结构中打开相应的【结构段】或【规划对象】，并按设计要求将自定义的属性分配到对应的结构段 / 规划对象中，如图 6-16 所示。

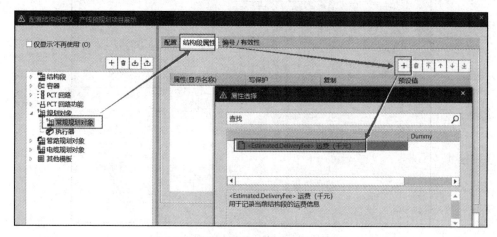

图 6-16　分配自定义属性到规划对象中

例如，以当前【运费】属性为例，若该规划对象的运费为一个固定值，或大多数情况下为一个固定值时，可以将该固定值填入【预设值】栏中，如图 6-17 所示。

在本书中，该值将在设计中随用随填，所以在此处将默认值栏位置空即可。

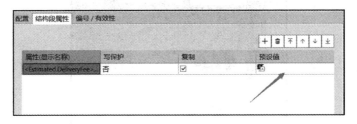

图 6-17　预规划对象创建预设值

按照以上的操作，将自定义属性创建并分配到相应规划对象和结构段后，即可在【属性】栏中对其进行使用，形成【<Estimated.DeliveryFee> 运费（千元）】的自定义属性，如图 6-18 所示。

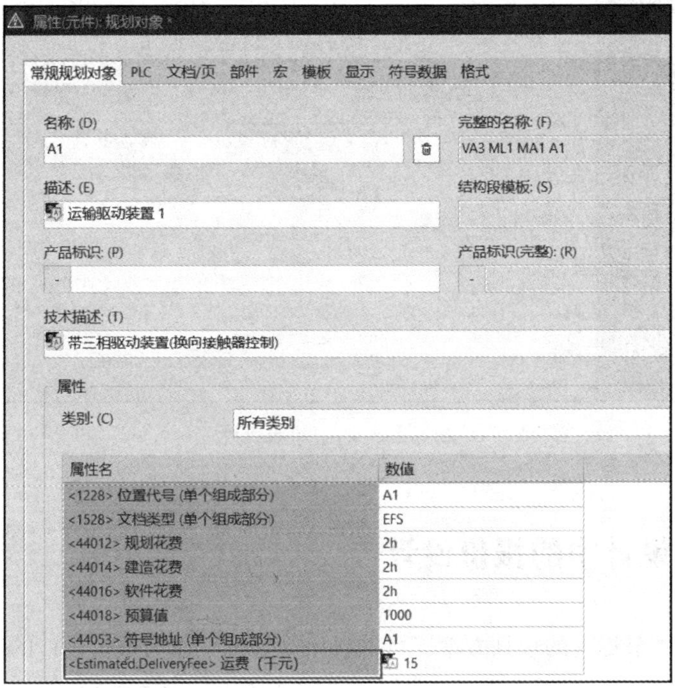

图 6-18　自定义规划设计属性

1）预规划宏可以采用 2D 模块进行准备，也可以采用图片的方式（如示例项目）进行（见图 6-19），宏的表达类型为 < 预规划 >。

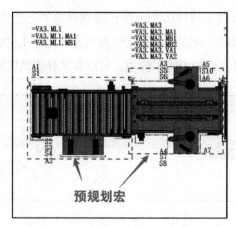

图 6-19　预规划宏的应用

2）报表可以存放在项目模板中，当产线规划设计完毕后，可直接单击报表工具，生成所需报表，该操作将会大幅提升设计效率。创建基本项目如图 6-20 所示。

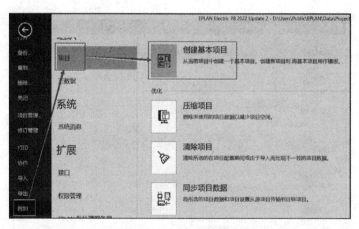

图 6-20　创建基本项目

6.2　预设计中的报价设计

根据第 6.1 节提到的规划方案，可以以该规划方案作为报价设计的数据基础，进行报价设计和操作。报价结果通常以报表的形式输出，在 EPLAN 预规划软件中，报价设计使用的报表模板通常为【预规划：规划对象总览】和【预规划：规划对象图】，前者是汇总报表，后者是分项报表，可以为每一个规划的对象生成详细的报价清单报表。用户可以根据项目特点及业务需要，选择合适的报表模板进行报表输出。根据当前示例项目的规划结果，采用【预规划：规划对象总览】表生成的报价汇总报表，如图 6-21 所示。

预规划：规划对象总览　　I/O统计　费用统计　能耗统计

F40_005

		规划对象	描述 备注					总花费 [h] 规划	建造	Software	总能源需求 [kW]	总价 [€]	操作位置	实现	文档
1	2	AL502Zylinder		3				10.0	2.0	1.0	0.0	0.00	本地	常规	
2	2	SE501M		3	4			10.0	2.0	1.0	1.0	600.00	本地	常规	
3	2	SE502M		3	4			10.0	2.0	1.0	1.0	800.00	本地	常规	
4	2	TF501M		3	4			10.0	2.0	1.0	2.0	1200.00	本地	常规	
5	2	TS501M		3	4			10.0	2.0	1.0	4.0	1200.00	本地	常规	
6	2	US502CTL		3				10.0	2.0	1.0	0.0	0.00	本地	常规	
			转到:												
			合计:	18	16			60.0	12.0	6.0	8.0	4000.00			

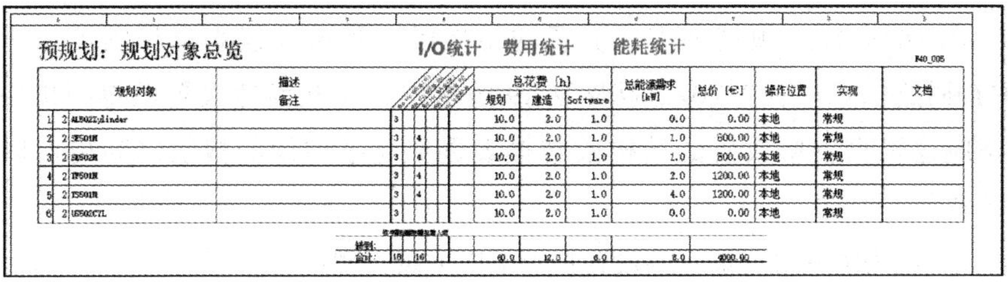

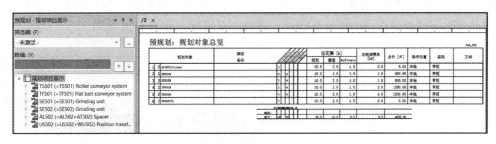

图 6-21　报价汇总报表样式

操作建议：

1）根据项目的实际统计需要，可以在预规划导航器为每一个产线或产线的每一段创建相应的规划结构段。这样可以在报表中自动区分出每一个产线或每一段产线的费用和设备信息。分段报价与管理示意如图 6-22 所示。

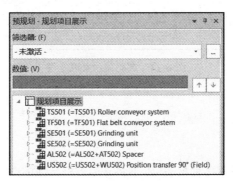

图 6-22　分段报价与管理示意

2）正确合理地使用预规划导航器的树形管理功能，并将该功能与报表输出相呼应，逐步实现以最少的设计修改获得准确的报表结果。预规划导航器树形结构示意如图 6-23 所示。

图 6-23　预规划导航器树形结构示意

6.3　预规划图纸与预规划报表之间的关联参考

对于图纸设计（预规划中所放置的结构段或管道及仪表流程图）中所放置的 PCT 回路信息，在 V2022 版及 V2.9 版本中，关联参考设置已得到扩展，使得在相应逻辑页上所放置的结构段与报表页上此结构段的报表之间也可以实现关联参考。

为此，已为关联参考显示的设置扩展了以下页类型：

1）预规划：规划对象总览。

2）预规划：规划对象图。

3）预规划：结构段总览。

4）预规划：结构段图。

同时，在导出的 PDF 文档的项目中，该关联参考依然有效，可以通过单击该关联参考信息直接跳转到相应的页面中。当通过关联参考跳转到相应页面时，关联参考的设备或信息将自动闪烁红色边框，进行高亮提醒，如图 6-24 所示。

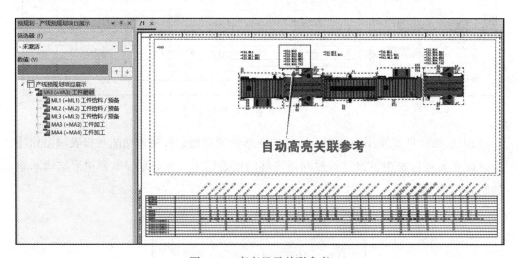

图 6-24　高亮显示关联参考

6.4　报表设计

预规划设计中可采用多种报表，本书将介绍方框标注的两个报表的设计方法：【预规划：规划对象总览】和【预规划：结构段总览】，如图 6-25 所示。

	报表类型	表格	页分类
31	拓扑:布线路径图	F35_001	总计
32	拓扑:已布线的电缆/连接	F36_001	总计
33	导管/电线图		总计
34	PLC 地址概览		总计
35	切口图例		总计
36	部件组总览		总计
37	分散设备清单		总计
38	管道及仪表流程图:管路概览		总计
39	预规划:规划对象总览		总计
40	预规划:规划对象图	F41_001	总计
41	预规划:结构段总览		总计
42	预规划:结构段图		总计
43	预规划:结构段模板设计		总计
44	预规划:结构段模板总览		总计
45	预规划:介质概览表		总计
46	预规划:管路等级概览表		总计
47	占位符对象总览	F30_001 ▾	总计
48	项目选项总览	F29_001	总计

图 6-25　预规划报表清单

6.4.1　预规划：规划对象总览报表

预规划：规划对象总览报表将用于输出在预规划导航器中每一个规划的设计信息，如设备的 I/O 信息、耗电信息、报价信息、运费信息等。该报表中可包含每个规划对象的结构段信息，也可以不包含。在本书介绍中，结构段信息在报表中只采用结构段标识符，用户可根据设计需要自行进行属性调整。

图 6-26　预规划报表设计 -1

首先，在菜单栏中依次单击【主数据】→【表格】→【打开】命令，如图 6-26 所示。

在弹出的【打开表格】对话框中，将右下角的下拉列表框的报表类型选择为【预规划：规划对象总览（*.f40）】，如图 6-27 所示。

此时，可以将 F40_001.f40 文件复制一个，并将其改名为【F40_001 F40_001 项目标准预规划对象总览报表 .f40】，如图 6-28 所示。

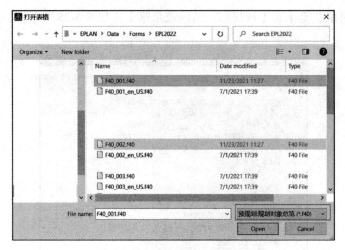

图 6-27　预规划报表设计 -2

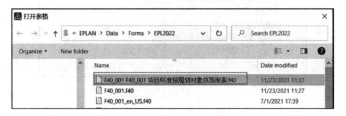

图 6-28　预规划报表设计 -3

选中该报表，单击打开，或双击该表格可直接打开，进入表格编辑页面，如图 6-29 所示。

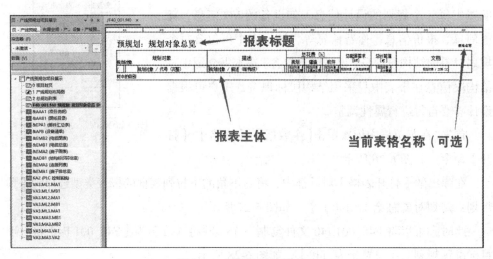

图 6-29　预规划报表设计 -4

此时，用户可将报表标题进行修改，以便更符合交付要求，如修改为【项目主设备报价清单】，如图 6-30 所示。

图 6-30　预规划报表设计 -5

用户在编辑报表标题时，在文本框内右击，选择【多语言输入】命令，可对其他语言文字进行修正或将错误信息删除。将方框内的其他语言信息全部删除，如图 6-31 所示。

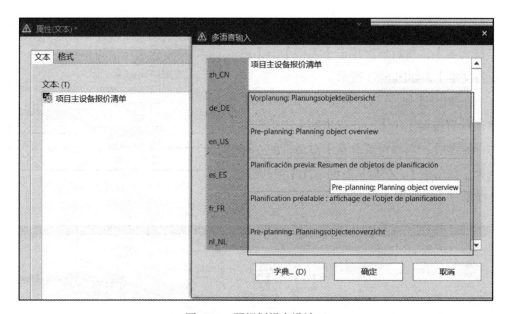

图 6-31　预规划报表设计 -6

当报表标题修改完毕后，连续单击【确定】按钮，回到表格设计页面。

同样，根据文档交付要求，用户需要对表头、表格主体内容进行调整。在这里，假设左侧增加一列【序号】信息，为每一行输出的信息显示行号。此时，需要调整表头，增加列名【序号】，绘制列线，向右挪动【规划对象】，并改为【设备编号】；调整表格主体，向右挪动【树中的级别】和【规划对象 / 代号（完整）】，调整【规

划对象 / 代号（完整）】的宽度，绘制列线，为【序号】信息留出相应的表格位置，如图 6-32 所示。

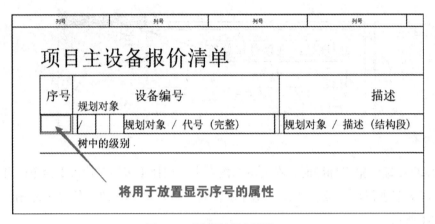

图 6-32　预规划报表设计 -7

在【告诉我你想要做什么】栏中，输入【占位符文本】，然后依次单击【表格】→【占位符文本】，如图 6-33 所示。

在弹出的【属性 (占位符文本)】对话框中，单击配置按钮【…】，在弹出的【占位符文本 - 预规划：规划对象总览】对话框的左侧选择【数据集】，然后从右侧选择【<13063>连续数字】，如图 6-34 所示。

图 6-33　预规划报表设计 -8

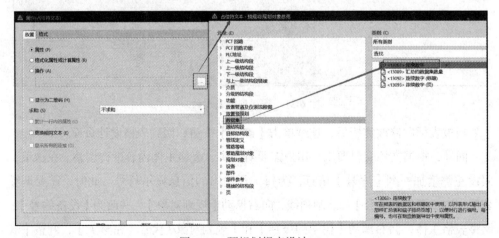

图 6-34　预规划报表设计 -9

单击【确定】按钮，直至系统关闭【属性配置】对话框，此时将鼠标带出的【数据集/连续的数字】属性放置到预留的格式中，并调整位置及文本格式，如图6-35所示。

图 6-35 预规划报表设计 -10

按照这样的操作，依次修正原报表中的属性，不需要的属性可直接双击修改成需要显示的属性，多余的属性可以直接删去。

本书仅对【序号】列进行新建，修正部分文字信息，如图6-36所示。

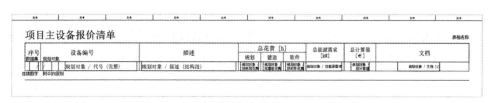

图 6-36 预规划报表设计 -11

当表格设计完毕后，在页导航器中右击表格编辑页，在弹出的菜单中选择【关闭】命令，或在编辑区中单击表格右上角的【×】按钮进行关闭，如图6-37所示。

图 6-37 预规划报表设计 -12

之后，用户就可以将该表格采用报表生成的方式应用到项目中了。

6.4.2　预规划：结构段总览报表

预规划：结构段总览报表将用于汇总一个结构段下所有规划对象（设备、方案等）的规划设计信息，以结构段为单位，进行数据汇总和报表输出。例如，房间 A（结构段）下规划了三台电机（三个规划对象），采用预规划：结构段总览报表输出时，报表中体现的是房间 A（结构段）内包含房间自身规划信息的总规划方案数据，房间内的三台电机（规划对象）并不体现在报表中。

该表格的新建可参考第 6.4.1 节的介绍。由于表格中输出的属性取值不同，因此，在设计结构段总览报表时要注意区分。

6.5　技巧与总结

1）在表格设计时，可通过【表格属性】对当前报表指定专用的图框，若此处不做指定，则该报表输出时将自动套用项目默认图框，如图 6-38 所示。

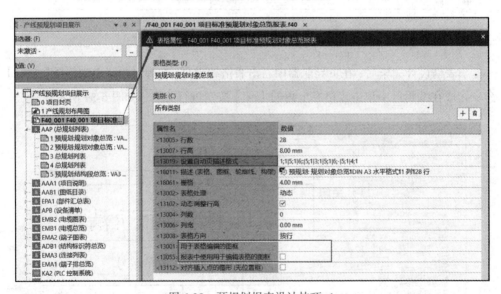

图 6-38　预规划报表设计技巧 -1

2）表格的设计是一个反复的过程，建议用户先绘制正确的表格格式，再依次放置和调整要输出的属性。

3）建议每一个属性在表格格式中显示【激活位置框】的信息，这样用户可以直观地在表格中看到该属性最长可显示的宽度，如图 6-39 所示。

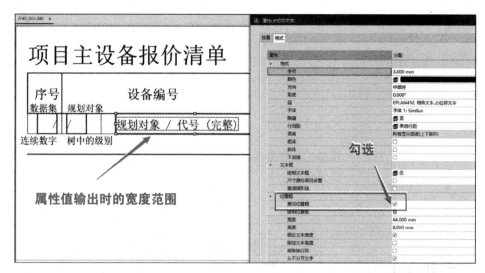

图 6-39　预规划报表设计技巧 -2

4）对于多页统计的报表，有时会需要在表格下方对数据进行汇总，如图 6-40 所示。

	PCT 回路	描述 备注	长度	部件编号 部件：名称 1	总花费 [h]			总能源需求 [kW]	总价 [€]	源结构段	目标结构段
					规划	建造	Software				
26	4 VA3 ML1 MB1 S4	源块已缩回			1.0	1.0	1.0	0.0	500.00		
27	4 VA3 ML2 MA1 A8	运输驱动装置 1			2.0	2.0	2.0	0.0	1000.00		
28	4 VA3 ML2 S11	工件已识别			1.0	1.0	1.0	0.0	500.00		
29	4 VA3 ML2 MA1 S12	电机温度过高			1.0	1.0	1.0	0.0	500.00		
30	4 VA3 ML2 MA1 A9	定位驱动装置 1			2.0	2.0	2.0	0.0	1000.00		
31	4 VA3 ML2 MB1 S13	源块已停止			1.0	1.0	1.0	0.0	500.00		
32	4 VA3 ML2 MB1 S14	清块已缩回			1.0	1.0	1.0	0.0	500.00		
33	4 VA3 ML3 MA1 A1	运输驱动装置 1			2.0	2.0	2.0	0.0	1000.00		
34	4 VA3 ML3 S1	工件已识别			1.0	1.0	1.0	0.0	500.00		
35	4 VA3 ML3 MA1 S2	电机温度过高			1.0	1.0	1.0	0.0	500.00		
				预测：	37.0	37.0	37.0	0.0	18500.00		
				合计：	50.0	50.0	50.0	0.0	25000.00		

图 6-40　预规划报表设计技巧 -3

此时，需要用户在表格下方进行以下设置：添加页脚框，并在页脚框中排布好要显示的属性及位置。需要注意的是，该页脚框左边距和右边距要与表格主体的左右边距对齐，这样才能保证输出的信息能恰好对应到表格主体正下方，如图 6-41 所示。

5）报表设计是一项细致的工作，因此用户在设计时需要遵照表格编辑的规则，即在设计表格的过程中边设计、边测试，这样可以事半功倍。

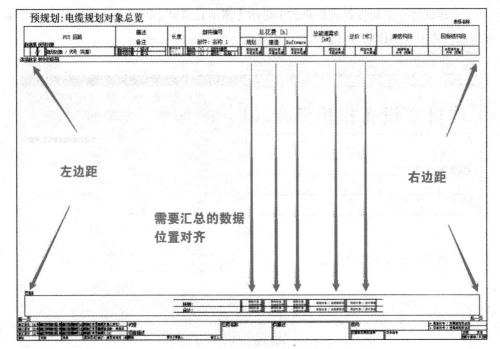

图 6-41   预规划报表设计技巧 -4

第 7 章
仪表工程设计应用

通过 EPLAN 预规划软件，可以将过程控制行业或流程行业的仪表工程设计当中主要的图、表设计内容整合在 EPLAN 平台下。EPLAN 预规划软件可为仪表工程设计提供高效解决方案。

该解决方案中包括了跨专业协同方案，例如，设计过程可以与工艺专业的管道及仪表流程图设计协同在一起，也可以与电气工程设计协同在一起，甚至可以将多个工程设计专业如工艺工程、电气工程、仪表工程、弱电工程等工程设计协同在一起。

本章将主要介绍仪表工程设计独立进行时的操作及方法，其中包括工艺参数表的导入、仪表索引表设计、仪表 I/O 清单设计、仪表设备数据表 / 仪表设备规格书设计、仪表回路图设计、端子接线图设计、典型仪表安装图（Hookups）设计、电缆布线图设计、电缆清单设计、材料表设计、控制室布局设计、仪表系统接地系统图设计、仪表系统供电系统图设计等内容。

本章将用到的 EPLAN 软件如下：

1）EPLAN Electric P8 专业版独立安装版。

2）EPLAN 预规划专业版插件版。

3）EPLAN 现场布线模块。

7.1 数据管理与批量导入

在仪表工程设计中，仪表专业将接收大量来自上游专业如工艺工程专业、暖通专业、消防专业、给水排水专业等发来的工艺参数表、控制点表等设计需求传递单，需要将这些数据与 P&ID、设备制造图、现场设备布局图等相结合，转化成整个工程项目控制系统设计及运行的图纸、报表等文件，并进一步给下游专业、配套厂家、施工团队提供所需的图纸及报表。由此可以看出，仪表工程设计离不开上游专业提供的参数表，尤其是工艺工程专业提供的工艺参数表（见图 7-1），其中包括了仪表设备的命名（位号）、设备类型、测量值、设计值（极值）、所属工艺系统名（或代码）、各条件下的报警值、介质的名称、介质的物理化学状态、描述、备注等。仪表专业需要根据该表的内容将设计信息逐一录入仪表工程设计的系统以及相关的每一个文件中。随着工艺设计的复杂程度增加，该表当中包含的设备和相应的参数信息也会越多，因此仪表工程设计的准备工作、信息录入工作就会越久。

仪表参数								操作参数									
仪表信息					技术数据			介质		操作参数		操作条件			精度	安装位置	
序号	位号	仪表名称	用途	安装位置	供应商	P&ID号	仪表数据表号	数量	介质	介质特性	参数范围	单位	温度℃	压力Mpa	密度kg/m³	精度kPa.s	精度	设备/管道编号	设备/管道名称	设备/管道规格
1																		
2																		
3																		
4																		
5																		

图 7-1　常见的工艺参数表

　　根据管道及仪表流程图与工艺参数表的信息，仪表专业首先需要整理出一份仪表索引表，作为整个仪表工程设计的指导文件。所以，EPLAN 预规划也将从这里开始，协助仪表专业快速准确地建立起工艺参数的批量录入及导入工作，根据设计需要帮助用户快速建立所需的仪表索引表。

　　下面将对手动创建设计信息、软件操作原理、批量导入数据、自动生成相应报表等内容逐一进行讲解。

7.1.1　手动创建仪表设计数据

　　在 EPLAN 预规划中，用户可以通过手动录入的方式对仪表设计信息一一进行创建。

　　1）打开预规划导航器。依次单击【项目数据】→【预规划】→【导航器】→【预规划导航器】命令，打开预规划导航器如图 7-2 所示，预规划导航器开启展示如图 7-3 所示。

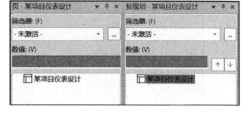

图 7-2　打开预规划导航器　　　　　图 7-3　预规划导航器开启展示

2）创建工艺段。在预规划导航器下，右击，在弹出的菜单中选择【新的结构段】命令，创建新的结构段如图 7-4 所示。在【属性（元件）：结构段】对话框中，将【名称】命名为【工艺段 A】，并备注该工艺段的描述信息，如图 7-5 所示，工艺段的描述信息为输入可选项。用户可按照图 7-5 工艺段命名与描述中 1~4 的顺序进行录入、单击的操作即可。

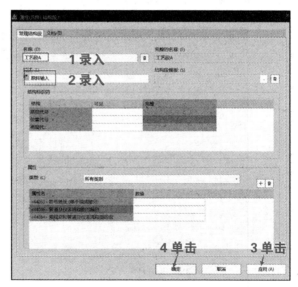

图 7-4　创建新的结构段　　　　　图 7-5　工艺段命名与描述

3）创建仪表信息。在已创建的工艺段下创建仪表回路信息。在工艺段上右击，并单击【新的规划对象】→【PCT 回路】→【回路】，创建新的规划对象如图 7-6 所示，和创建新的仪表回路如图 7-7 所示。

在这里将创建的仪表设备和回路信息录入进来。

图 7-6　创建新的规划对象　　　　　　图 7-7　创建新的仪表回路

例如，需要创建压力变送器，位号为 PIT-1001，描述为【原料输入管道压力测试】，则按照如图 7-8 所示的方式创建仪表信息。

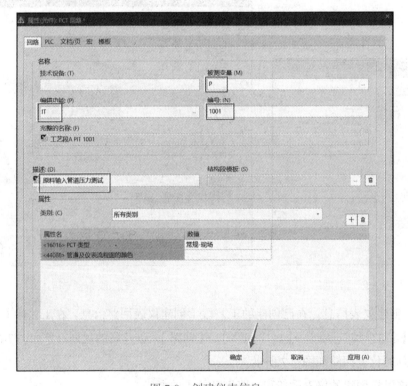

图 7-8　创建仪表信息

在预规划导航器中，创建压力变送器显示如图 7-9 所示。

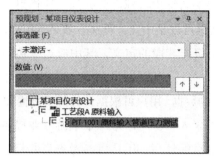

图 7-9　创建压力变送器显示

用户可通过该方法和操作步骤，逐一将工艺段、仪表回路创建到预规划导航器中。

7.1.2　批量创建仪表设计数据

工艺参数表导入前的准备工作如下：

1）取消工艺参数表中的所有合并单元格。以下示例中省略了工艺参数表后续的工艺参数信息，用户可以根据实际的设计要求对表头进行修改和完善，并最终配置成符合自己设计业务流程的表头。实际设计时，为了更好地识别表头和表体的信息，用户可对行、列进行高亮处理。

对于需要合并、计算的数据，用户同样可以采用 Excel 公式进行编辑，单元格最终显示的数据依然可以有效且正确地导入 EPLAN 软件中。准备批量导入的参数表格如图 7-10 所示。

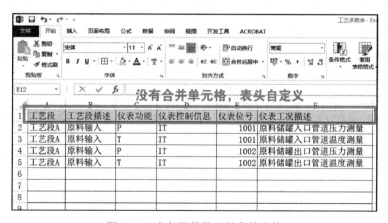

图 7-10　准备批量导入的参数表格

2）表头名称。由于表头信息是数据导入时的识别窗口，因此建议用户在准备数据导入表时，应首先将表头名称进行标准化处理，这样可以为表格复用、导入操作带来极大的便利。表头名称可以是中文、英文、数字等组合内容。

表头应包含对不同层级工艺段的定义，其中应至少包括该工艺段的名称、描述信息。

3）表体内容：待导入的数据。用户可根据设计的实际需要，对工艺段结构划分（级数）、仪表数据进行详细录入（也可以来源于上游专业提供的数据表格，如工艺参数表等）。有关工艺段信息的填写，用户可参考表头的相应定义，进一步增加对厂区或工艺段划分的细节信息，如图 7-11 所示。

	厂区划分		工艺区划分		仪表设计信息			
	A	B	C	D	E	F		H
1	工厂区域代号	工厂区域描述	工艺段名称	工艺段描述	仪表功能	仪表控制信息	仪表位号	仪表工况描述
2	A01	罐装区	工艺段A	原料输入	P	IT	1001	原料储罐入口管道压力测量
3	A01	罐装区	工艺段A	原料输入	T	IT	1001	原料储罐入口管道温度测量
4	B01	原料存储区	工艺段A	原料输入	P	IT	1002	原料储罐出口管道压力测量
5	B01	原料存储区	工艺段A	原料输入	T	IT	1002	原料储罐出口管道温度测量
6								
7								
8								
9								
10								
11								
12								

图 7-11　进一步完善的导入表

4）导入的配置。导入表准备完毕后，将对导入规则进行创建。对创建好的参数表保存并关闭。

在 EPLAN 预规划软件的菜单栏中单击【预规划】→【导入】命令，打开数据导入界面，如图 7-12 所示。

图 7-12　打开数据导入界面

选择需要导入的 Excel 文件，并将导入格式选择为 Excel 文件格式（如 .xlsx），如图 7-13 所示。

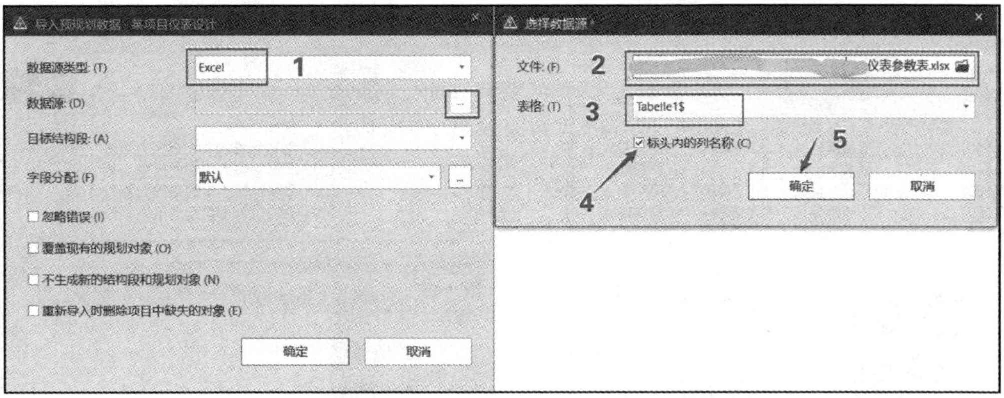

图 7-13　数据导入 -1

在勾选完【标头内的列名称】复选框并单击【确定】按钮后，单击【字段分配】右边的配置按钮【…】，进入【字段分配】对话框，如图 7-14 所示。

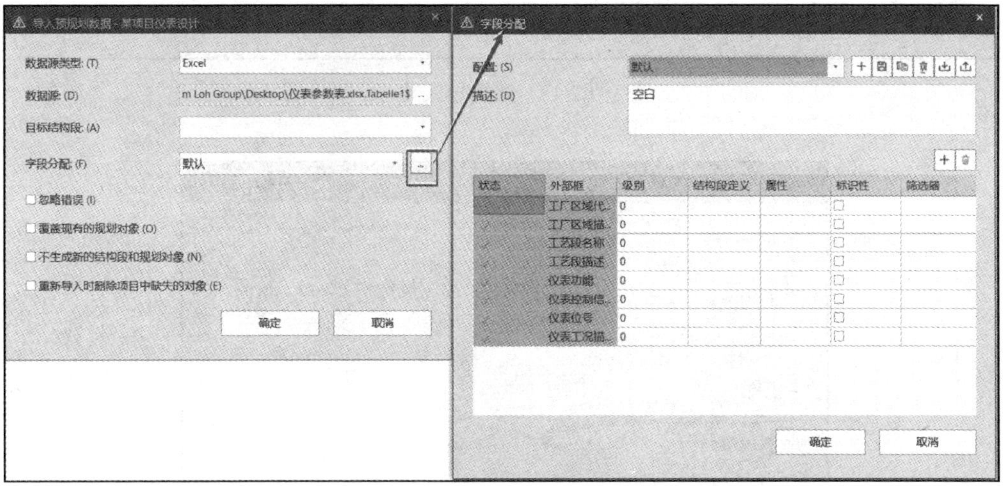

图 7-14　数据导入 -2

按照以下的配置要求对即将导入的参数进行级数及属性配置：级数体现了整个项目及工艺段的规划方案，以树形方式存在；属性配置决定了导入的参数将写入 EPLAN 的位置，如图 7-15 所示。

其中，软件中的【外部框】列对应的就是 Excel 表格中的标题行。属性对应配置完毕后，单击【确定】按钮，回到如图 7-16 所示的【导入预规划数据 - 某项目仪表设计】对话框。

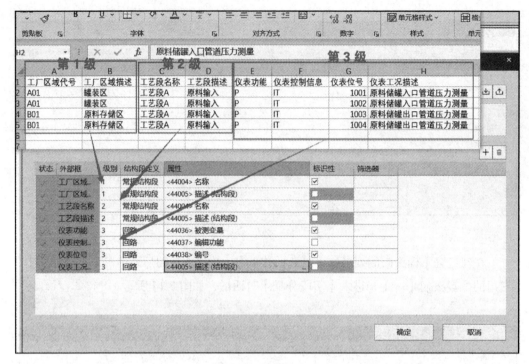

图 7-15　数据导入 -3

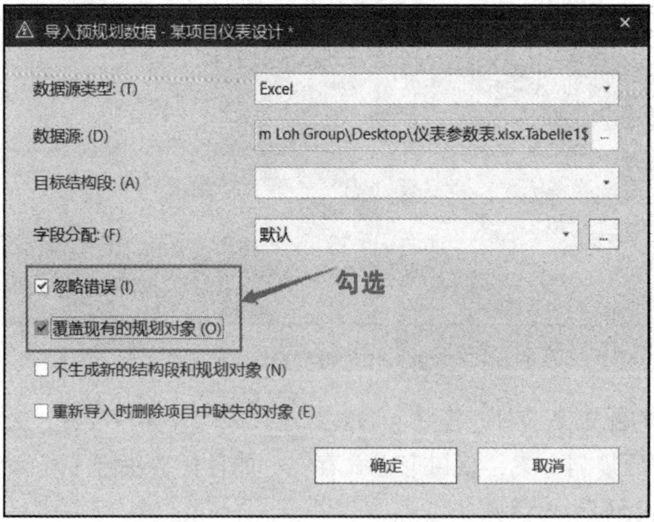

图 7-16　数据导入 -4

　　在【同步预规划数据】窗口中预览导入的信息。若此时需要修改信息,可单击【取消】按钮。若预览数据无须修改,单击【确定】按钮即可,如图 7-17 所示。

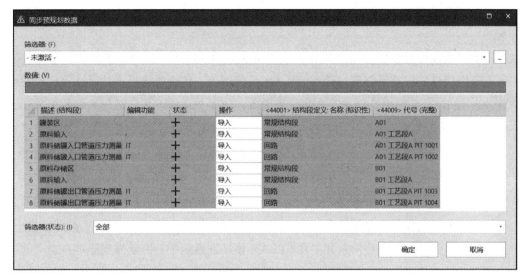

图 7-17　数据导入 -5

5）数据导入。数据成功导入后，可在预规划导航器中直接进行查看。在预规划导航器中，查看与管理的方式均采用树形方式，如图 7-18 所示。

图 7-18 中箭头 1、2、3 所指的分别是预规划树形管理器中的级数信息，可对照导入时如图 7-15 所示的级数列。

用户可根据项目及表格的实际情况对级数进行配置。需要注意的是，级数是非零的自然数，如 1，2，3…。

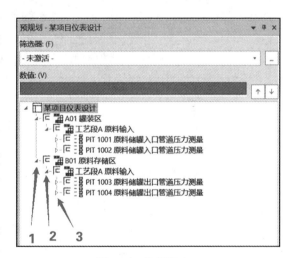

图 7-18　数据导入 -6

此时，已将仪表参数表信息按照项目设计及管理的要求整体导入 EPLAN 预规划软件中。

该数据表可反复导入，当在【导入预规划数据 - 某项目仪表设计】对话框中勾选【覆盖现有的规划对象】复选框时，如图 7-16 所示，所修改的信息将直接写入预规划系统中，原有的数据将被直接覆盖。

7.1.3　自定义属性的创建与应用

在仪表设计过程中，工程师除了需要将仪表所在的工厂信息、工艺段信息、位号等通用信息进行批量创建与导入 EPLAN 系统中外，还需要将更多的设计信息和参数导入 EPLAN 系统中。例如，这些仪表设备在该工艺条件下所接触与测量的工艺介质名称、介质状态、工作压力、设计压力、工作温度、设计温度等信息，这些信息是设计环节中不可或缺的设计要素和设计组成，同时，这些信息也将是工程师用于编制仪表索引表、仪表设备规格书和数据表等主要设计内容所参考与录入使用的。

工艺介质设计信息如图 7-19 所示。用户需要将方框中的工艺介质信息同样导入与之对应的仪表设备相应属性中。其中，介质名称、介质状态、工作压力、设计压力、工作温度、设计温度这些信息并不在 EPLAN 预规划系统中，因此需要通过自定义的方式创建这些信息。

仪表功能	仪表控制信息	仪表位号	仪表工况描述	介质名称	介质状态	工作压力 Barg	设计压力Barg	工作温度 Deg.C	设计温度Deg.C
P	IT	1001	原料储罐入口管道压力测量	硬水	液态	2.5	4	55	80
T	IT	1001	原料储罐入口管道温度测量	硬水	液态	2.5	4	55	80
P	IT	1002	原料储罐出口管道压力测量	硬水	液态	3.2	4	55	80
T	IT	1002	原料储罐出口管道温度测量	硬水	液态	3.2	4	55	80

图 7-19　工艺介质设计信息

除此之外，还有流量、液位、转速等设计信息在 EPLAN 平台中的管理方式，将按照下面的介绍进行创建和准备。

1）通过自定义属性功能，创建相应的属性。打开配置属性功能如图 7-20 所示。

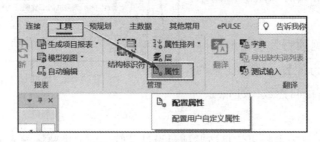

图 7-20　打开配置属性功能

2）创建自定义的属性，并对其进行分配与管理。用户可新建一套符合项目设计与管理要求的属性。创建自定义属性如图 7-21 所示。在这里，用户既可以采用书中案例的写法【Process.Medium】，也可以采用【工艺参数.工艺介质】这样的中文录入方式。信息中间的点为属性管理的层划分符号。新建属性录入完毕后，单击【确定】

按钮。

完成创建之后，需要对该属性的使用环境进行定义。接下来这个属性将在仪表设计中使用，因此需要将其分配到【预规划】使用环境中如图 7-22 所示。

图 7-21　创建自定义属性

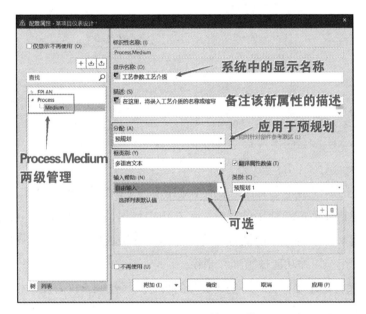

图 7-22　分配属性的使用环境 -1

注意：在这里，【分配】项若选择其他应用环境，则无法在仪表设计中得到使用，并且该分配方案一旦确定，就无法再进行修改，如图 7-23 所示。

根据设计需要，逐一创建其他的属性，并完善属性的显示信息、备注信息等。完善自定义属性如图 7-24 所示。

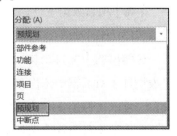

图 7-23　分配属性的使用环境 -2

图 7-24　完善自定义属性

当自定义的属性创建完毕后，单击【应用】→【确定】按钮即可。

对于创建错或不需要使用的属性，可在选中该属性后，勾选【不再使用】复选框即可。被定义为不再使用的属性，将不会出现在项目中，且这些不再使用的属性可通过软件的组织压缩功能被整理并删除。

3）确认属性的正确配置。将创建成功的自定义属性调入仪表设计相关的位置中，为图纸中的设计做好属性规划。

单击【项目数据】→【预规划】→【配置结构段定义】命令，如图 7-25 所示。

在弹出的【配置结构段定义 - 某项目仪表设计】对话框中依次单击展开左侧的项目：【PCT 回路】→【回路】，并在右侧选中【结构段属性】选项卡，单击新建

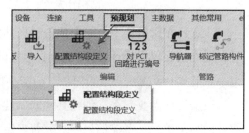

图 7-25　自定义属性分配与管理

按钮⊞，在弹出的【属性选择】对话框中选择将要进行使用与管理的属性，如图7-26所示。在这里，全部选中，单击【确定】按钮即可。

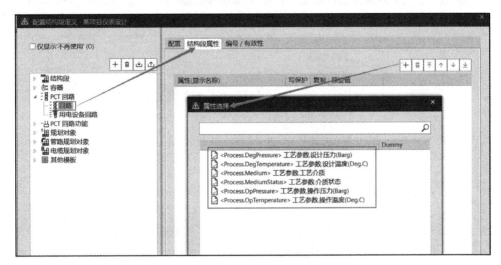

图7-26 调入自定义属性

在图7-27中，用户可根据设计的实际情况对预设值进行设置，若此处给定一个预设值，则该属性在使用时会直接附带此预设值，否则为空。

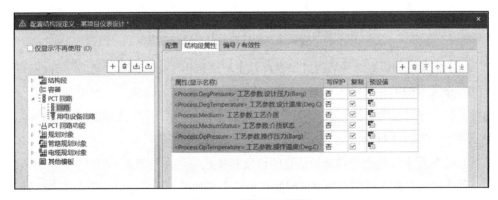

图7-27 确认预设值信息

在【配置结构段定义 - 某项目仪表设计】对话框中单击【编号/有效性】选项卡标签，可对回路编号的起始值、最小位数、增量（自动批量编号时使用）进行设置，若不确定这些值是否需要设置，可保留系统默认配置。该设置可在设计过程中进行修改与调整。确认仪表回路编号及有效性信息如图7-28所示。

通过这里的设置，用户可以在预规划导航器中对回路进行批量编号操作。若无此需求，该设置可略过。

图 7-28　确认仪表回路编号及有效性信息

在【配置结构段定义 - 某项目仪表设计】对话框中单击【配置】选项卡标签，可对该回路编号的显示、输出位置、图标等信息进行配置。这里的配置可帮助用户在进行工程设计时更快地找到该回路。确认仪表回路的显示配置信息如图 7-29 所示。

对于图 7-29 中标注的信息，请参考以下备注说明：

① 【配置】栏用于管理显示信息的位置和样式。

② 【显示名称】栏用于管理该回路在设计中表达的名称，如可改为【仪表位号】【仪表设备号】【回路】等。

③ 【导航器显示格式】栏用于管理该回路信息在预规划导航器中显示的数据。

④ 【可在此处插入】栏用于管理该回路可使用的环境。例如，系统默认【项目】和【结构段】，意味着该回路可以在预规划导航器中的项目和结构段下进行创建和使用。

⑤ 【前缀】栏用于管理该回路在预规划导航器创建时所带的前缀标识，默认为空。

⑥【不再使用】复选框用于启动或停用该回路在整个设计中的使用状态。

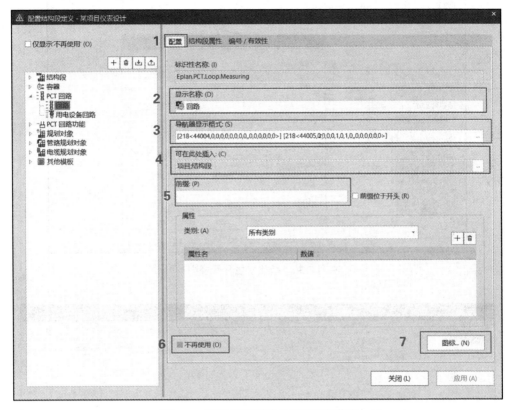

图 7-29　确认仪表回路的显示配置信息

⑦【图标】按钮用于管理该回路在左侧树形管理器及预规划导航器中的显示图标，用户可对其进行自定义图标，建议使用 8mm×8mm 规格的图片，.jpg 或 .ico 或 .bmp 格式均可。

当配置、结构段属性、编号 / 有效性的信息都设置完毕后，可依次单击右下角的【应用】→【关闭】按钮，返回到设计界面中。

4）导入数据。接下来，需要通过预规划软件的导入功能，结合回路及回路的属性信息等内容，将工艺参数表或设备表等信息批量导入 EPLAN 预规划软件中，并在预规划软件里建立起项目的树形管理器。

导入操作请参考第 7.1.2 节批量创建仪表设计数据所介绍的方法。注意，需要将自建的属性和导入表中的属性做对应。建议用户针对不同的导入表新建合适的字段分配规则，如图 7-30 所示，并将自定义属性在导入功能中采用，进行属性对应配置，如图 7-31 所示。

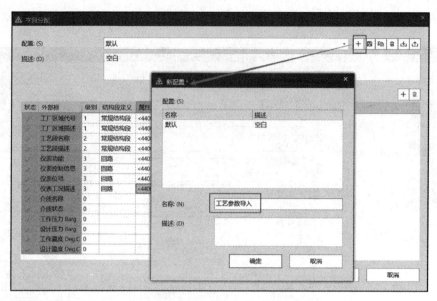

图 7-30　新建字段分配规则

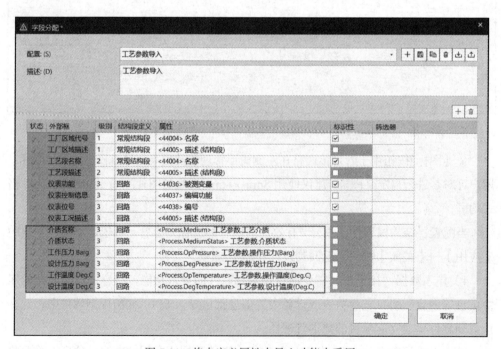

图 7-31　将自定义属性在导入功能中采用

配置完毕后，单击【确定】按钮，并进行导入操作，可见导入预览窗口，此时，【操作】列将显示修改的信息，如图 7-32 所示。确认无误后，单击【确定】按钮即可。

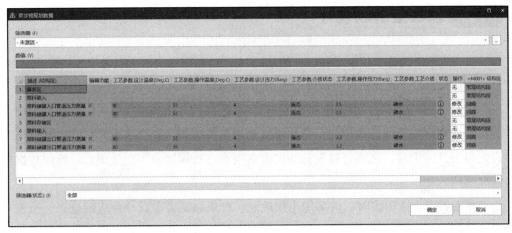

图 7-32 导入预览窗口

导入的结果可在预规划导航器的【回路】属性中进行查看。批量导入自定义属性的结果如图 7-33 所示。

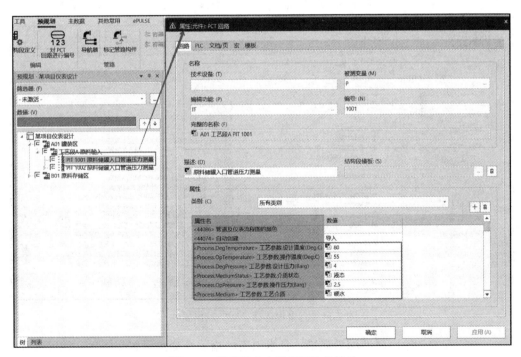

图 7-33 批量导入自定义属性的结果

若发现导入的结果有错，请回到如图 7-31 所示的方框的位置对属性匹配设置进行检查，修正后重新导入即可。新导入的数据会直接将原数据覆盖。

7.2　仪表索引表设计

　　仪表索引表是整个仪表工程设计的基础。因此,创建的仪表索引表应当数据准确,且当设计信息发生修改时,仪表索引表中相关的信息也应同步进行修改。

　　在 EPLAN 系统中,仪表索引表不需要单独设计,EPLAN 软件将以自动报表的方式帮助用户进行统计与生成,整个过程无须人工干预。若仪表设计信息修改时仪表索引表已经生成,则需要对现有的仪表索引表进行刷新或再次生成,以确保数据的准确性。

　　在准备仪表索引表时,应采用【预规划:对象总览表】设计相应的报表。报表设计过程中,用户将格式、需要输出的属性等信息进行排布,对需要输出的自定义属性应做好输出匹配。为报表选择合适的输出属性如图 7-34 所示。

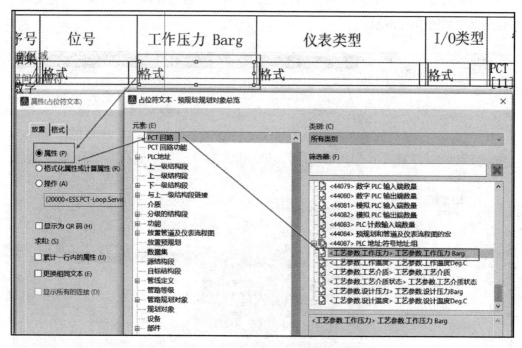

图 7-34　为报表选择合适的输出属性

　　当所有的带输出属性配置完毕,且索引表的格式布局也设置完毕后,就可以采用该表格进行设计输出,生成仪表索引表。在菜单栏中单击【工具】→【生成】命令,在弹出的【报表-某项目仪表设计】对话框中单击【+】按钮,并选择报表类型,如图 7-35 和图 7-36 所示。

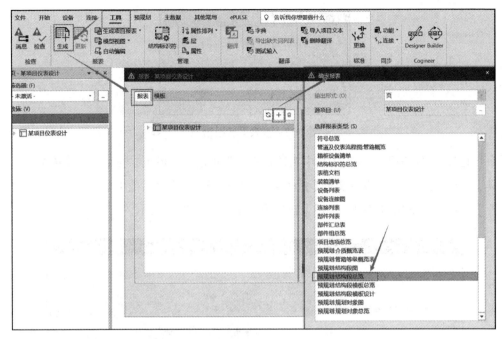

图 7-35　创建仪表索引表报表 -1

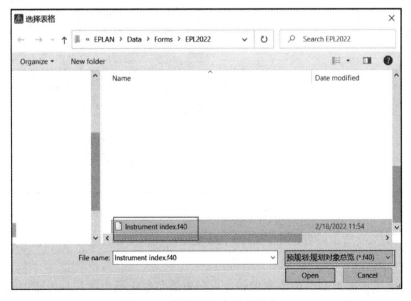

图 7-36　创建仪表索引表报表 -2

　　若在报表输出时，弹出如图 7-37 所示对话框，则是因为用户忘记设定默认表格模板了。

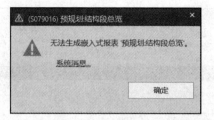

图 7-37　报表生成报错 -1

　　此时，用户需要在报表工具中为该报表分类指定一个模板，在菜单栏中单击【工具】→【生成】命令，在弹出的【报表 - 某项目仪表设计】对话框中单击右下角的【设置】按钮，在下拉列表中，选择【输出为页】，如图 7-38 所示。

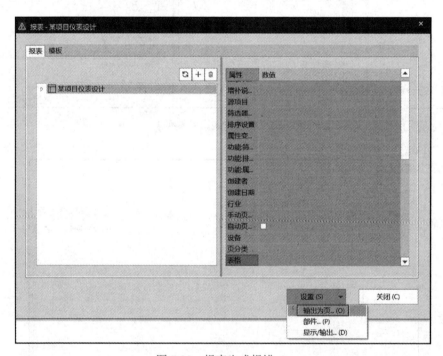

图 7-38　报表生成报错 -2

　　在如图 7-39 所示的界面中，找到【预规划：规划对象总览】项，在表格列中选中已设计好的表格，修改完成后保存即可。

　　建议采用报表类型中的【预规划：规划对象总览】类型进行仪表索引表的准备和创建。本示例项目中，仪表索引表中将显示以下信息：位号、工况、工艺段、工艺介质、介质状态、操作压力、操作温度等内容。仪表索引表样式如图 7-40 所示。

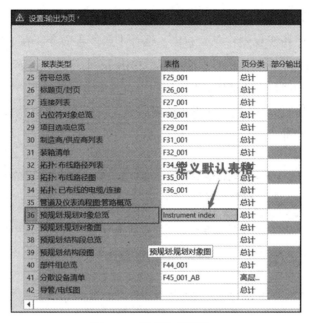

图 7-39　报表生成报错 -3

图 7-40　仪表索引表样式

7.3　仪表 I/O 清单设计

仪表 I/O 清单的统计是为了能更好地让 PLC 或 DCS 集成商准确完成对控制系统控制点的统计、控制卡的设计、分配、配置等工作，并提高机柜装配设计的工作效率。因此，仪表 I/O 清单的统计应当准确。

在 EPLAN 预规划软件中，当仪表索引表设计完毕后，EPLAN 预规划软件可根据设计的内容对具有 I/O 信息的设备或项进行统计和输出，并能在报表末尾对各 I/O 类型的总数进行汇总并输出。

此时，对现有的变送器设备进行 PLC 定义。在预规划导航器中，选中需要定义 I/O 类型的 PCT 回路或规划对象，右击，选择【属性】命令。在【属性（元件）：PCT 回路】对话框中选择【PLC】选项卡，单击【+】按钮，将该回路或设备的 I/O 类型定义到当前的回路 / 规划对象中。例如，在这里定义压力变送器的 I/O 类型为模拟量输入（AI）。如图 7-41 所示，如果当前回路或规划对象有多个 I/O 类型，可单击【+】按钮，逐一创建即可。

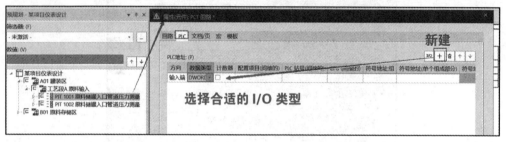

图 7-41　定义回路的 I/O 类型 -1

数据类型应当根据设备 I/O 的实际情况进行选择。例如，对于压力变送器，选择【DWORD】数据类型更合适，如图 7-42 所示。

同时，在第一工艺段中创建一个位号为【CV-1001】的气动控制阀，并定义其 I/O 类型为模拟量输出（AO）；同时定义该控制阀具有阀位状态反馈功能，其 I/O 类型为模拟量输入（AI）。

图 7-42　定义回路的 I/O 类型 -2

创建完毕后，在预规划导航器中将在 CV-1001 回路下也显示相关的 I/O 信息，如图 7-43 所示。

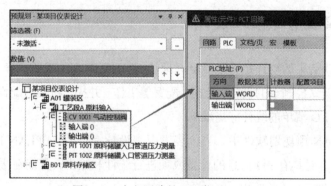

图 7-43　定义回路的 I/O 类型 -3

在进行设计和准备仪表 I/O 清单时，建议同样采用报表类型中的【预规划：规划对象总览】类型报表。该报表的创建准备工作可参考前面有关仪表索引表的创建介绍。

调取 I/O 信息的属性，可采用在【PCT 回路】下的 I/O 类型属性，也可以采用【规划对象】下的 I/O 类型属性，如图 7-44 所示。

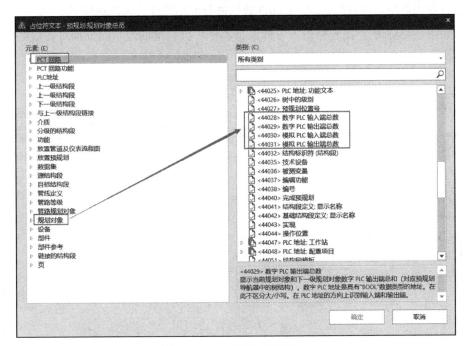

图 7-44　I/O 表的输出设计 -1

此时，若采用【PCT 回路】下的 I/O 类型时，报表只统计输出 PCT 回路相关的 I/O 信息，并不会统计其他规划对象中的 I/O 信息。若采用【规划对象】下的 I/O 类型时，报表将所有规划对象中的 I/O 信息均统计出来，其中包括 PCT 回路。本书将采用【规划对象】下的 I/O 类型，如图 7-45 所示。

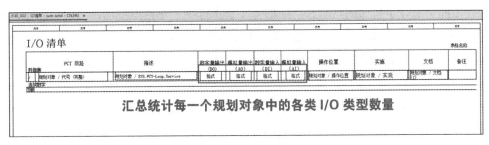

图 7-45　I/O 表的输出设计 -2

通过以上的方法，可以将每一个规划对象中的不同 I/O 的数量汇总统计到当前表格中。在该表格中，用户可根据设计的需要，对输出的数据进行调整，直至符合交付要求为止。

除了能将每一个规划对象中的 I/O 数量进行汇总输出，在报表的最下方，同样可以设置对当前项目所有规划对象的 I/O 数量进行汇总统计，并进行显示。

如图 7-46 所示，在表格最下方插入页脚框，页脚框的左右侧分别对齐数据框的左右侧。

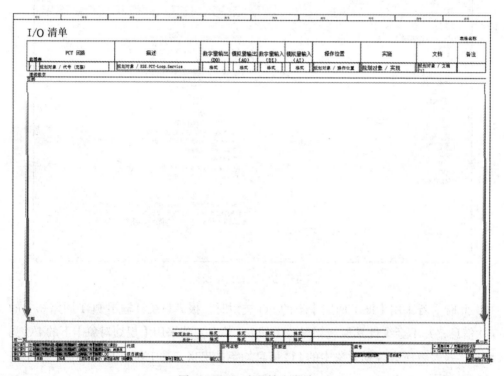

图 7-46   I/O 表的输出设计 -3

【前页总计】采用的是求和功能的【小计】选项，在这里可以将之前页的该 I/O 类型的数量显示出来。【总计】采用的是求和功能的【小计 + 进位】选项，在这里可以将当前和之前页所包含的所有该 I/O 类型的数量统计并显示出来，但不包含后面页的统计结果，如图 7-47 所示。

通过定义该报表，可在生成的仪表 I/O 清单中清晰地读出每一台控制设备所含的 I/O 类型、数量，并对每一种 I/O 类型进行汇总。本示例项目中，摘取仪表位号、工艺描述、各 I/O 类型等信息进行统计。仪表 I/O 清单样式如图 7-48 所示。

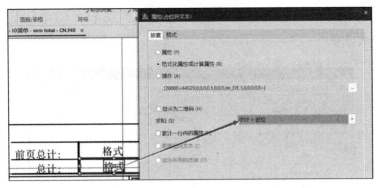

图 7-47　I/O 表的输出设计 -4

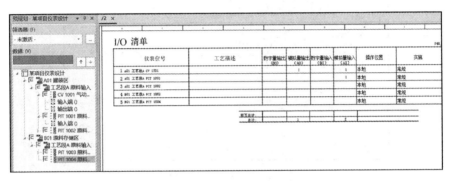

图 7-48　仪表 I/O 清单样式

7.4 仪表设备数据表 / 仪表设备规格书设计

在 EPLAN 预规划软件中，仪表设备数据表（或称仪表设备规格书）可用软件的标准报表的方式生成，免去了人工录入和发布的工作。这样做既可以准确地将工艺参数信息填入表格相应的位置，也可以按照工程师的设计将设备选型相关数据填入表格相应的位置，并最终生成对应的设备数据表 / 规格书，供之后的业务流程使用，或进入设备数据表 / 规格书的审校环节，或进入采购环节。

基于已经导入 EPLAN 预规划软件里的工艺参数表，仪表工程师可以在现有的参数基础上完成设备的其他参数设置与完善。

以压力变送器为例，仪表工程师只需要将选型相关的参数完成即可，如图 7-49 所示。对于变化但常用的信息如量程，可以在系统中设置为下拉菜单的方式，便于工程师设计；对于设计的常规要求如接液部件材质、安装法兰、螺纹要求或规范号等，

可以在 EPLAN 系统中为其赋予默认值，如此，工程师在进行设计时只需要确认默认
值是否需要修改即可。

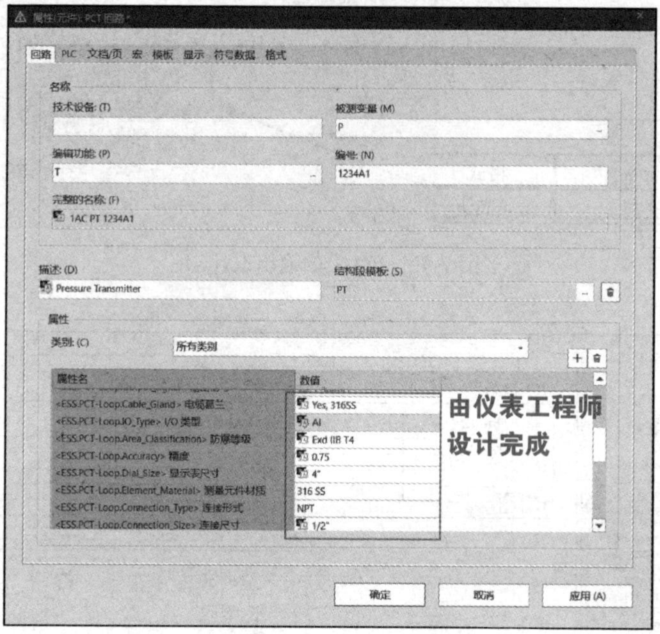

图 7-49　仪表设计选型样式

当遇到相似设备需要批量设置时，可在预规划导航器中选中这些 PCT 回路或规
划对象，然后右击，在该属性界面中对共性的信息直接进行录入或修改，其他差异
性信息不做任何操作。录入或修改完毕共性信息后，单击【确定】按钮，系统将自
动保存修改并关闭【属性】对话框。

对于需要进行预设值设置的属性，可以依次单击【项目数据】→【预规划】→【配
置结构段定义】命令，在【配置结构段定义 - 总包工程应用案例】对话框中按如图 7-50
所示的操作进行设置。

通过设定默认值，可以省去那些不得不填写但重复量非常高的工作量，而且默
认值的设置可以避免重复信息被填错的情况。

当工程师完成每一个 PCT 回路、规划对象中的设计信息后，可通过设置 EPLAN
自动报表来生成相应的仪表设备数据表 / 规格书。

基于此考虑，在如下的介绍中，将为不同设备类型准备相应的报表模板，如常
规的压力表数据表报表模板、压力变送器数据表报表模板、温度计数据表报表模板、
温度变送器数据表报表模板等。与此同时，在进行报表输出时，在报表生成设置里，

通过采用筛选器的方式将 PCT 回路或规划对象正确匹配到相应的报表模板，输出正确的仪表设备数据表 / 规格书。

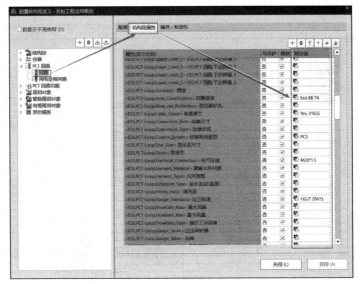

图 7-50　属性的默认值配置

本书建议用户对该报表选择使用【预规划：规划对象图】报表类型。

本书的介绍将以压力变送器数据表生成操作为例：单击【主数据】→【表格】创建一个新的报表，选择报表类型为【预规划：规划对象图（*.f41）】，创建相应的报表模板，如图 7-51 所示。

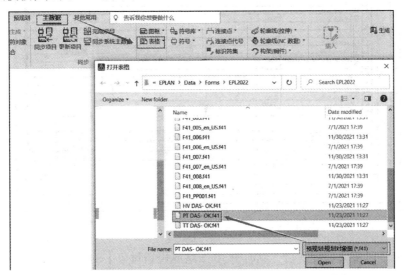

图 7-51　创建压力变送器报表模板 -1

用户首先需要根据报表输出的要求，在当前的表格编辑页面中绘制表格格式，如图 7-52 所示。

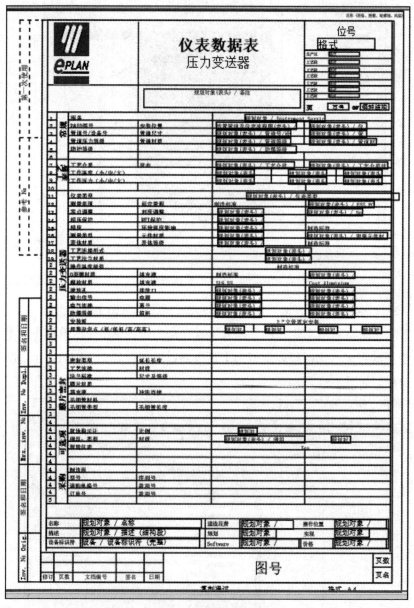

图 7-52　创建压力变送器报表模板 -2

绘制完毕模板格式样式后，结合 PCT 回路或规划对象中的属性信息，将相应的属性通过占位符文本放置在表格格式相应的位置中，设置【防爆等级】属性，如图 7-53

所示。

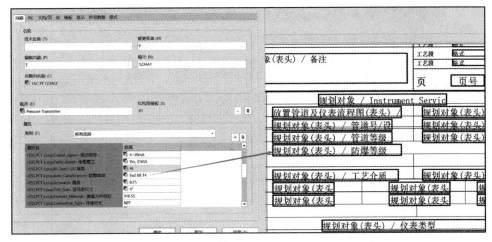

图 7-53 创建压力变送器报表模板 -3

检查【表格属性】对话框中的【<13002> 表格处理】项的数值，应确认该报表为【静态】，如图 7-54 所示。

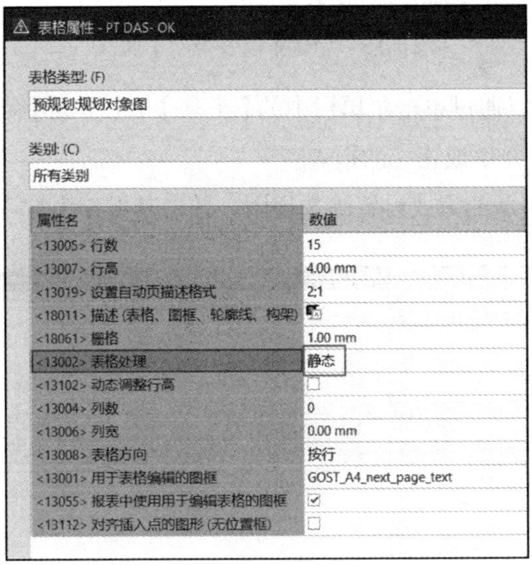

图 7-54 创建压力变送器报表模板 -4

依次将属性放置在报表后，关闭当前报表即可。

为了更好地使用筛选器区分不同的设备类型，需要创建一个自定义属性作为定义设备类型的属性，如图 7-55 所示。创建【属性名】为【仪表类型】，并将其加载到 PCT 回路中进行使用。

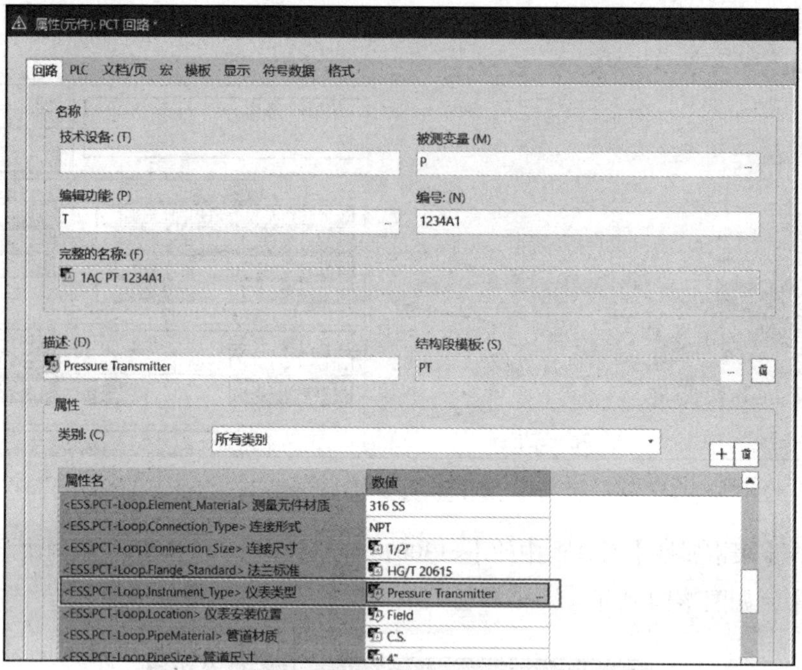

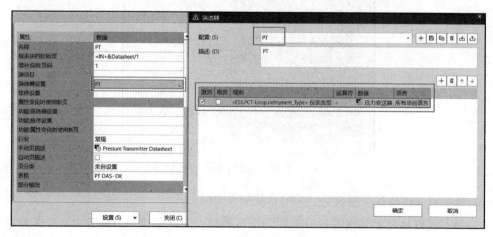

图 7-55　创建【仪表类型】属性

接下来，用户可以通过单击菜单栏中的【工具】→【生成】命令，配合创建的【仪表类型】调用表格，并生成相应的报表。

按照如图 7-56 所示的方式设置筛选规则，并将其保存为常用的筛选规则，以提

图 7-56　设置筛选规则

高其复用性。

可以参照图 7-56 修正【手动页描述】信息，如在本书中将报表的【手动页描述】修改为【Pressure Transmitter Datasheet】，用户也可以将其定义为【压力变送器数据表】。

仪表设备数据表 / 规格书可以独立地逐类生成，也可以将各报表规则存入报表模板中，这样就可以将所有的报表一同进行管理，将来生成报表时，就可以一次性按照报表的规则要求生成到指定的项目结构下，报表模板的创建如图 7-57 所示。

图 7-57　报表模板的创建

对于标注方框的地方，用户需要根据输出的不同类报表进行相应的修正，名称、筛选器、表格、页描述将作为主要的修改内容。可根据项目实际需要输出的位置，进行起始页设置。

EPLAN 预规划软件将自动为每一个设备生成独立的数据表 / 规格书页。

根据报表模板的设置，通过报表模板批量生成仪表数据表如图 7-58 所示。

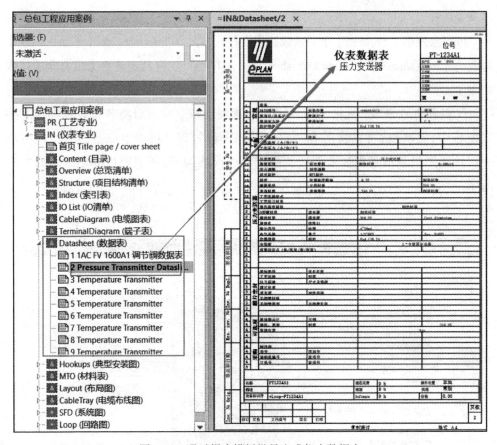

图 7-58　通过报表模板批量生成仪表数据表

7.5　仪表回路图设计

在仪表工程设计中，控制回路的设计是必不可少的环节，其中应至少包含现场仪控设备（控制开关、变送器等）、中间接线箱或接线盒、中控机柜端子排、中间连接电缆等信息，有时还需要将中控机柜端子排到 I/O 卡之间的连接或导线信息完整地在回路图中表述。由于每一个控制回路都要对应设计出相应的控制回路图，因此仪表工程师往往会有很大一部分时间用于完成回路图的设计、修改、校对、再修改等工作。

基于以上的仪表工程设计需求，本书将通过以下示例，介绍采用 EPLAN 预规划软件帮助用户快速、自动地生成典型仪表回路图并按照预定设计规则完成回路图的设计工作，以减轻用户在回路图设计中的工作量，提高回路图设计的工作效率与准确性。

需要的准备工作如下：

1）新建一个宏项目。

2）创建典型回路图模板：窗口宏（或页宏）、回路中需要替换的参数、名称和信息。

以两线制变送器回路图设计为例，如图 7-59 所示，假设变送器到控制室的连接路径是变送器→中间接线箱→控制柜端子排，用户将按照该图的设计方式准备变送器典型回路图设计的窗口宏。本书将采用该从左至右的横向设计的回路图作为介绍，用户可根据设计的实际需要进行内容扩展，或设计为由上至下的纵向设计的回路图。

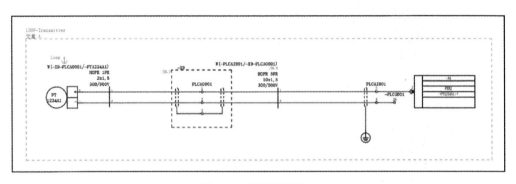

图 7-59　回路图设计 -1

当前，将定义该回路为标准的两线制变送器回路设计样式，可以假设该图中的仪表变送器编号（位号）和中间接线箱编号（位号）为每次设计回路图时需要修正和替换的数据，其他设计信息可采用 EPLAN 预规划软件的自动编号进行编号。

首先，可以为当前的窗口宏定义占位符及占位符变量。

操作方法：单击鼠标左键并拖动框选，全部选中当前宏以及宏边框范围内的所有设计信息，且所有设备信息均在高亮状态下，在菜单栏中依次单击【插入】→【导航器】→【插入占位符对象】命令，如图 7-60 所示。

在【属性（元件）：占位符对象】对话框的【占位符对象】属性中，单击【分配】选项卡里的【+】按钮，调出变送器符号及黑盒 / 结构盒的名称显示信息，并在【变量】列为其定义占位符变量，如图 7-61 所示。

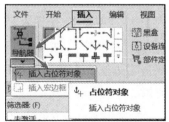

图 7-60　回路图设计 -2

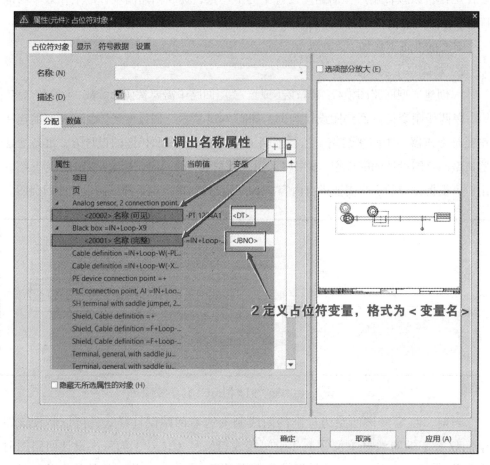

图 7-61　回路图设计 -3

在需要定义变量的属性所对应的【变量】列中，以【＜变量名＞】的格式输入变量名。当变量定义完毕后，可单击【确定】按钮关闭该窗口。将占位符对象拖拽并放置到相对靠近回路的区域。

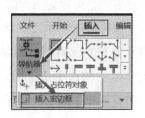

图 7-62　回路图设计 -4

为当前的回路添加宏边框：在菜单栏中依次单击【插入】→【导航器】→【插入宏边框】命令，如图 7-62 所示。

将设计内容（回路、占位符对象）用宏边框框起来。双击宏边框，为当前的窗口宏定义宏名称，如图 7-63 所示。

为了宏项目的方便管理，可将名称、变量信息通过【显示】选项卡进行配置显示，如图 7-64 所示。

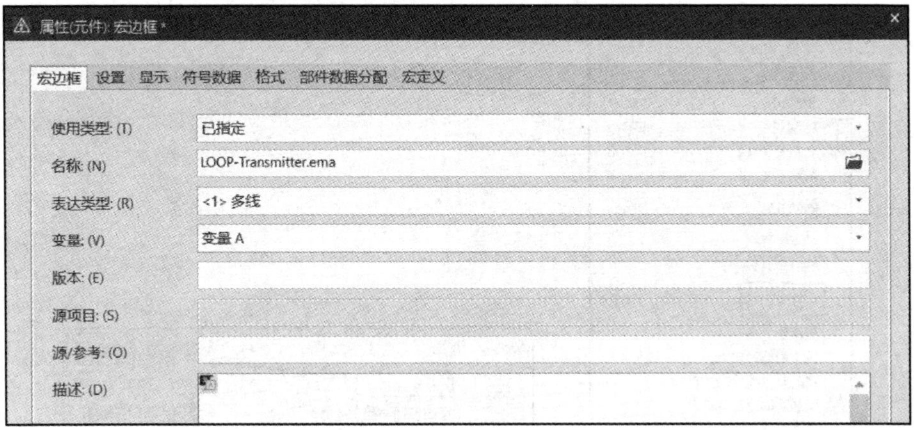

图 7-63 回路图设计 -5

完成对宏边框的设计后，单击【确定】按钮退出宏边框设计。宏边框及占位符对象的显示效果如图 7-65 所示。

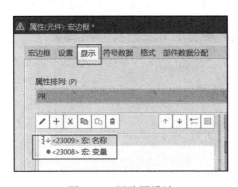

图 7-64 回路图设计 -6

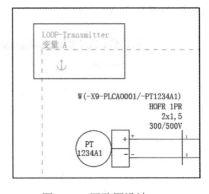

图 7-65 回路图设计 -7

此时，对两线制变送器回路的宏创建完毕。可通过在宏边框上右击，在弹出的菜单中选择【创建宏】命令，如图 7-66 所示，生成该回路图宏，或在页导航器中选中高亮当前页，依次单击【主数据】→【宏】→【自动生成】命令，如图 7-67 所示。

用户可根据以上的方式创建符合设计要求的不同的回路图宏。当回路图宏设计完毕后，可在原理图项目中配置以及使用这些回路图宏。

接下来，打开原理图项目，对当前创建的回路图宏进行预规划方案配置，以实现通过预规划配合宏，达到拖拽预规划对象生成回路图的目的。可按如下操作进行配置。

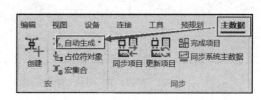

图 7-66　回路图设计 -8　　　　　　　　图 7-67　回路图设计 -9

在预规划导航器中，新建一个 PCT 回路，差压变送器的编号为 PDIT 1100A，中间接线箱的编号为 X9，如图 7-68 所示。单击【应用】按钮，保存当前的设置。

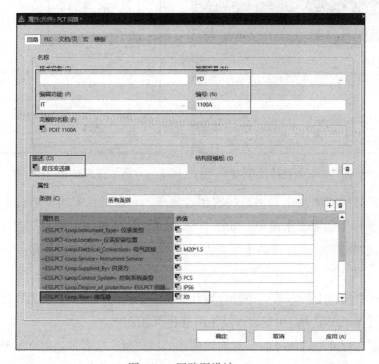

图 7-68　回路图设计 -10

选择【宏】选项卡，并调取创建的回路宏【LOOP-Transmitter.ema】，如图 7-69 所示。

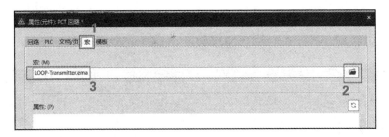

图 7-69　回路图设计 -11

单击【应用】按钮，此时软件将弹出如图 7-70 所示的界面。

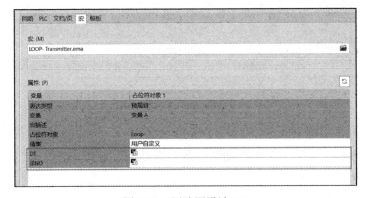

图 7-70　回路图设计 -12

用户可单击属性【DT】和【JBNO】右侧白色区域，进行属性对应配置。如图 7-71 所示为对【DT】属性进行属性对应配置。

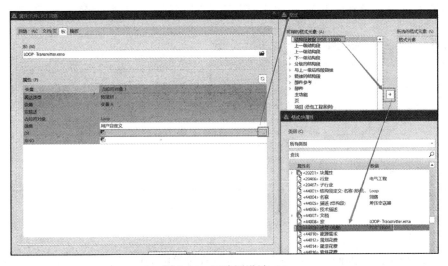

图 7-71　回路图设计 -13

选中【<44009> 代号（完整）】属性名，单击【确定】按钮，直到回到如图 7-70
所示界面，并按同样的方式配置 JBNO 属性。配置后的效果如图 7-72 所示。

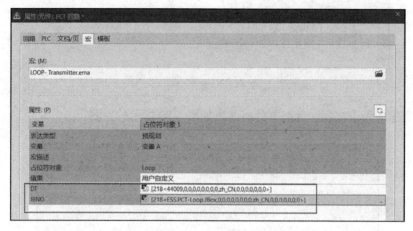

图 7-72   回路图设计 -14

单击【确定】按钮，退出 PCT 回路规划对象
的属性配置界面。此时，在预规划导航器中将显示
PDIT 1100A 回路，如图 7-73 所示。

此时，用鼠标选中该 PCT 回路，拖放到页导航
器中，系统在页导航器中将自动生成如图 7-74 所示
回路图。

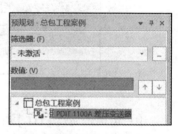

图 7-73   回路图设计 -15

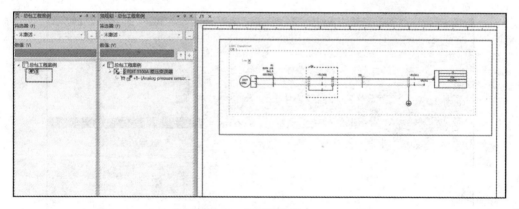

图 7-74   回路图设计 -16

设计要点：

1）窗口宏。合理使用占位符对象及占位符对象中的值集变量。由于 PIT 1001 在

预规划中分别占三个字段，即【被测变量】【编辑功能】和【编号】，则需要在占位符值集变量中创建至少一个变量用作整合变送器位号。此处以创建两个变量为例，其中一个将作为整合变送器功能标识使用，一个将作为调取变送器流水号使用，如图7-75所示。其中，占位符值集变量名可以是中文。

在占位符变量分配窗口中，可以根据输出的需要，对占位符值集变量进行字符补充、变量组合等操作，如图 7-76 所示。

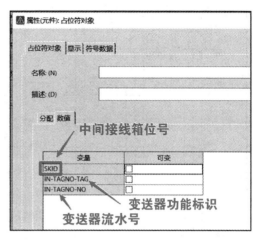

图 7-75 占位符值集变量定义示意

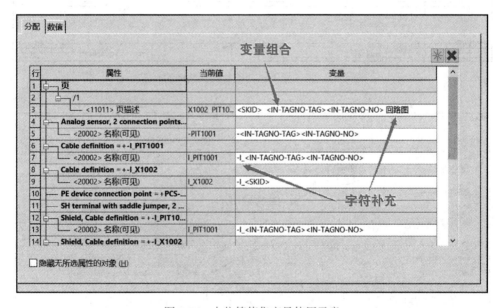

图 7-76 占位符值集变量使用示意

若用户日常设计采用的是由上至下纵向设计的回路图，则在回路图宏的准备阶段，可设计为纵向设计方案的回路图，如图7-77所示。

2）预规划。接下来，调取相关的宏并为宏值集变量赋值，如图7-78所示。

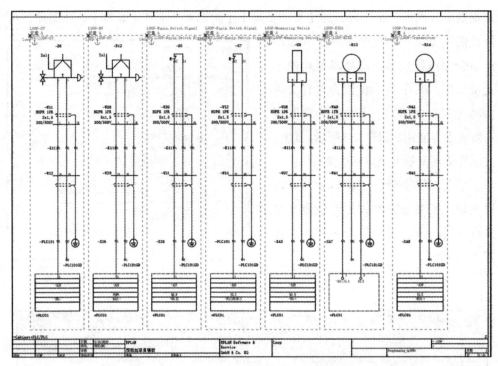

图 7-77　由上至下纵向设计的回路图宏样式

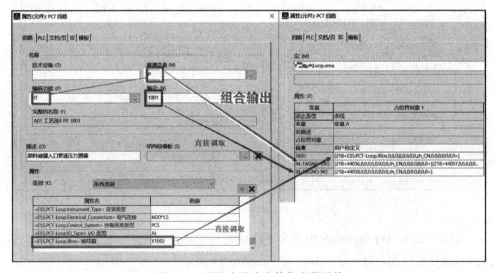

图 7-78　调取宏并为宏值集变量赋值

通过以上的操作，不仅可以将回路图的设计从手动逐一绘制变成了批量自动生成，还可以保证设计数据的正确性。

　　如果将此环节与数据批量导入环节整合，可以更大幅度地提高回路设计的工作效率与准确性。读者可以自行进行尝试，以寻找最适合自己的回路图设计方案。

　　在整个回路设计环节，操作者应熟练掌握端子编号、分屏总屏蔽多芯电缆设计及芯线与屏蔽的分配方法。同时，应能在诸多的设计需求及参数替换与放置方案中，找到最优规则、最少变量的方案，以此减少对宏的配置过程，在使用高效软件的同时更大程度地提升工作效率与正确性。

　　3）系统配置。在系统中可对回路批量生成的规则进行预定义，即单回路成一页回路图、横向铺满页面并自动换行、纵向铺满页面并自动换行。

　　在软件界面中依次单击【选项】→【设置】命令，进入如图 7-79 所示界面中，根据用户的设计需要，依次对图中四个位置进行定义。定义时注意以下问题：

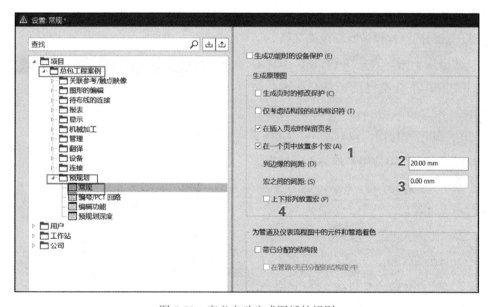

图 7-79　定义自动生成图纸的规则

　　① 勾选【在一个页中放置多个宏】复选框时，将允许多个窗口宏同时在一页当中生成。

　　② 【到边缘的间距】为第一个窗口宏边框（左侧边框或上侧边框）距离图幅最左侧（不勾选【上下排列放置宏】复选框的情况）或最上侧（勾选【上下排列放置宏】复选框的情况）时的距离；该距离为 0 时，自动输出的窗口宏将紧贴图幅的边框。

　　③ 【宏之间的间距】为第一个窗口宏边框与第二个窗口宏边框的间距，若需要两个窗口宏相互挨着生成出来，就将这里的值设置为【0.00mm】；若这里设置为负值，

则表示两个窗口宏边界交叉，交叉的深度取决于该值的数值。

④ 勾选【上下排列放置宏】复选框时，窗口宏将在图纸中按照由上到下的顺序生成；不勾选【上下排列放置宏】复选框时，窗口宏将在图纸中按照从左到右的顺序生成。

7.6   端子接线图设计

回路图设计完成后，用户可以在 EPLAN 预规划软件中进一步将端子接线图进行输出和生成。本书将以 EPLAN 标准报表的方式输出和生成，用户也可参考报表设计的相关章节进行个性化的报表定制。不论是采用 EPLAN 预规划软件提供的标准报表表格，还是用户自定的报表表格来生成端子接线图，都会省去大量绘制、修改端子接线图的时间，这样做既高效又准确。

输出端子图、表，在 EPLAN 预规划软件中有以下几类可以选择，如图 7-80 所示。

1）端子连接图：罗列端子排的端子（如端子图表，但使用其他的表格并跨越多个层）。根据端子排上的端子顺序排序，可显示已连接目标。

2）端子排列图：以列表的形式显示端子，每个端子排一个端子排列图。

3）端子图表：罗列端子排的端子，每个端子排一个端子图表。

本书采用【端子连接图】报表类型。建议用户也采用该报表类型。

典型端子连接图如图 7-81 所示。

图 7-80　端子相关报表种类

用户可参考第 10 章自动报表设计应用的技巧及介绍，对所需输出的端子连接图、端子图表等进行定制化设计。例如，接线箱名称、描述的显示样式，中间连接电缆名称、型号、芯线的显示样式，被连接设备的名称、图形、设备连接点（设备接线引脚）显示样式等，都可以进行定制化设计。设计要点如下：

1）批量生成回路图后，先通过端子排导航器对中间接线箱及中控室机柜进线端子排编号进行检查，或在所有回路图生成完毕且中间接线箱调整完毕后，整体对所有端子排进行统一编号，以确保人工修改而产生的错误通过自动编号的方式得到修正。

2）该演示的端子报表采用的是 EPLAN 预规划软件安装时自带的国际电工委员会（IEC）标准端子图表格式，其图形显示样式、属性信息显示的内容以及格式均按照 IEC 标准进行了预制，若读者的报表有更多信息需要从图纸中取值，则需要读者自行对报表的模板进行自定义和属性的修改、扩充与完善，直至符合自定义的输出要求为止。

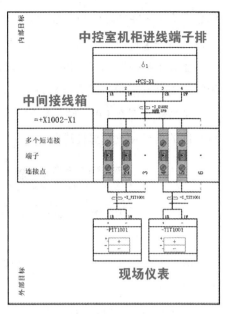

图 7-81　典型端子连接图

7.7　典型仪表安装图（Hookups）设计

在详细设计过程中，当完成仪表采购且确定了仪表选型和安装环境后，仪控工程师将根据设计要求对将要进行现场安装的仪表或仪表部件提出相应的安装规定或设计出安装图。一般情况下，仪控工程师通常会根据《自控安装图册》（HG/T 21581—2012）或行业 / 企业已有的安装图图册作为仪表选择各类常见的推荐安装方式及要求的安装指导图，如在蒸汽管道上安装的压力变送器安装图、在压力容器设备上安装的雷达液位计安装图等。当仪控工程师选择或设计好所需的安装图后，也需要在安装图中逐一列出安装时使用的安装材料的编号、名称、规格及数量，并且当所有的安装图设计完毕后，仪控工程师也需要统计出安装材料表，包括每种安装材料的编号、名称、规格、总用量、制造商、供货商等信息。

基于工程师对安装图设计、材料表统计工作的要求，EPLAN 预规划软件同样可以支持仪控工程师在 EPLAN 平台中进行典型安装图、安装材料统计的工作，实现高效设计与统计的目标。因此，在 EPLAN 预规划软件中，用户可以将先前设计完成的仪表设备数据表 / 规格书与安装图进行一一对应。这样的对应操作可以使得仪表设备的数据表/规格书设计与安装图/安装规定的设计整合在一起，尤其是在生成仪表索引表或其他文件时，可将安装图图号一并列出，减少工程师的统计工作量。

在EPLAN预规划软件中，典型仪表安装图可采用自动报表的方式进行自动生成，无须人工进行干预；对安装材料的统计，也由自动报表功能进行完成。

典型安装图在EPLAN预规划软件功能中以联接元件命名，英文为Hookups，联接元件的信息存放在部件库的相应位置中，如图7-82所示。

图 7-82　联接元件产品组分类示意

以下是安装图设计与准备的主要工作方法：

1）创建安装材料。对照安装图的要求，将安装材料逐一创建到EPLAN部件库中。在新建安装材料进行分类设置时，选择【零部件】命令，如图7-83所示。

按照安装材料的设计信息，将其完善到部件库当中，如图7-84所示。

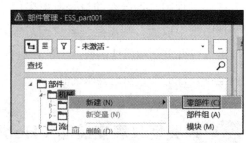

图 7-83　创建安装材料-1

图 7-84　创建安装材料-2

2）创建安装图图形宏。将每一种安装方式所对应的安装图图形创建一个窗口宏，并为每一个安装图图形宏创建相应的宏名称，建议宏的名称采用该宏所对应的安装图图号，如图 7-85 所示。

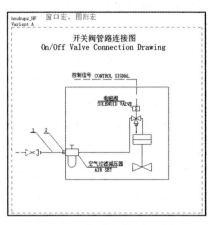

图 7-85　创建安装图图形宏

3）创建设备的安装规定 / 安装图，并定义安装材料。按照安装图设计的要求，创建相应设备的安装规定，并将安装图图形宏、安装材料定义到该设备的安装规定中。安装规定 / 安装图需要创建到【部件组】分类中。创建安装图如图 7-86 所示。

用户可参考如图 7-87 所示的安装图样式创建安装部件库的设计信息和表述。

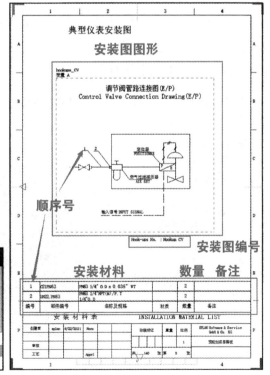

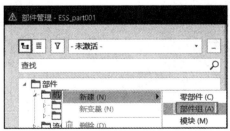

图 7-86　创建安装图

图 7-87　安装图样式

用户可按照下述操作方式，将安装图和安装材料创建到 EPLAN 部件库中。

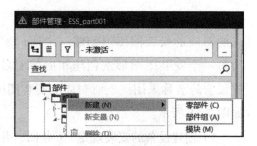

图 7-88   创建安装图图库

需要注意的是，安装图和安装材料在创建时属于不同的分类，在分别为安装图和安装材料进行数据创建时，千万别混淆。

创建安装图图库如图7-88所示，在【机械】结构下右击，在打开的菜单中选择【新建】命令，其中：【零部件】命令用于创建安装材料；【部件组】命令用于创建安装图。

不同的安装图所对应的安装图图形，可通过宏项目进行创建，并将安装图的图形宏关联到相应安装图编号的【部件组】中，如图 7-89 所示；在安装图编号的部件组部件的【部件组】选项卡中，定义该安装图所采用的安装材料，定义安装材料如图 7-90 所示，对照安装图中的材料实际用量及对应的图例编号，完善【部件组】选项卡中安装材料项所对应的【数量】列、【位置号】列以及【附加文本】列。

本书中定义的安装图编号采用的是 Hookup.CV，用户可根据安装图图册对应的安装图编号对其进行命名，这样会更便于在部件库中对安装图进行管理，使用时也能更直观地选择对应编号的安装图。

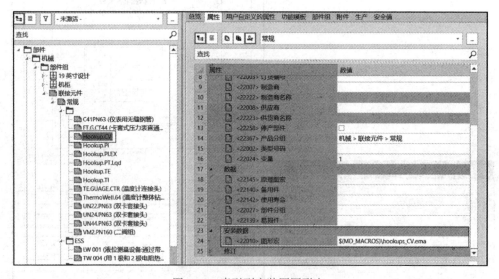

图 7-89   索引到安装图图形宏

在完成定义安装图编号、图形宏后，可按照如图 7-90 所示的方法将【部件组】选项卡中的安装材料进行定义。

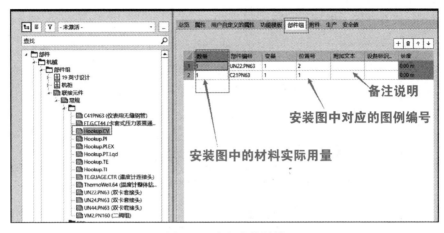

图 7-90 定义安装材料

4）创建安装规定报表。安装规定的报表建议采用【部件组总览】类型。用户可按照如图 7-91 所示的典型安装图报表样式进行安装图报表格式的自定义。

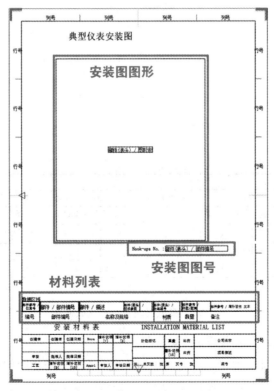

图 7-91 典型安装图报表样式

典型仪表安装图生成样式如图 7-92 所示。

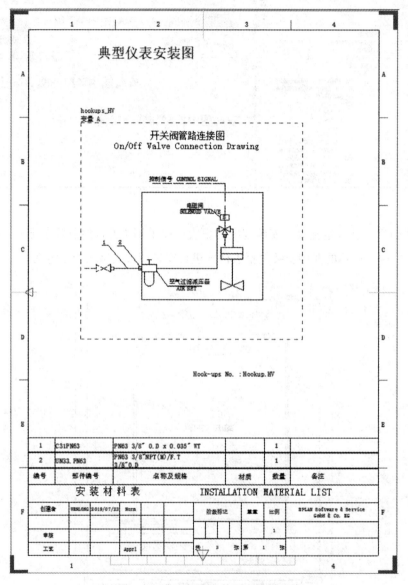

图 7-92   典型仪表安装图生成样式

5）给仪表设备定义安装规定 / 安装图。

① 建议在规划对象中建立专门用于调取安装规定 / 安装图的规划对象。按顺序单击【项目数据】→【预规划】→【配置结构段定义】命令，创建典型安装图规划对象示例如图 7-93 所示。

② 为仪表设备定义安装图。在预规划导航器中，对需要创建典型安装图的仪表回路右击，选择【新的规划对象】→【典型安装图】命令。在【典型安装图】规划对象中，选择【部件】选项卡，并为其选择对应的安装规定编号（部件编号），如图 7-94 所示。

图 7-93　创建典型安装图规划对象示例　　　图 7-94　为仪表回路创建安装规定

该操作所配置的典型安装图可通过复制粘贴规划对象的方式批量粘贴到其他具有同样安装要求的回路中。

6）创建安装规定的清单报表。建议采用【预规划：规划对象总览】的报表类型对典型仪表安装图进行图纸清单的统计与梳理。报表内容及样式可根据输出的要求进行自定义。安装图清单模板样式如图 7-95 所示，定义在清单中显示仪表设备位号、设备描述、安装图图号、备注。

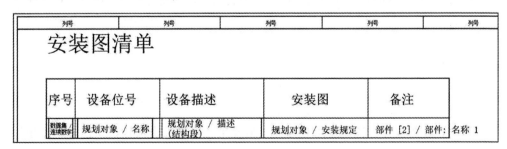

图 7-95　安装图清单模板样式

7）安装图清单生成样式。安装图清单生成样式如图 7-96 所示。

图 7-96　安装图清单生成样式

7.8　电缆布线图设计

当仪表回路图设计完毕后，仪控工程师通常需要根据全厂总体布置图及工艺设备与管道设备安装的布局要求，将仪表设备布置在总体布置图中，同时需要对仪控电缆的敷设路径（如穿管、桥架、电缆沟、电缆井等）进行规划和布置。

在 EPLAN 软件中，电缆布线设计采用的模块为拓扑设计模块，用到的符号库为拓扑符号库。

7.8.1　设计准备工作

1. 准备适合布置图使用的拓扑符号

由于布置图都带有比例要求，因此，需要预先准备一套符合该比例要求的拓扑符号库。EPLAN 默认提供 1∶1、1∶20、1∶50、1∶100 四种比例的拓扑符号库。

EPLAN 系统默认配置的拓扑符号库如图 7-97 所示。若用户的设计符合或接近这四种已有比例的拓扑符号库，可直接调取进行使用。若比例较大如 1 ： 250 及更大时，需要用户自行定制符合比例要求的拓扑符号库。

拓扑符号库设计与准备建议如下：

1）可对现有拓扑符号库做整体复制，整体进行比例缩放，并对缩放完毕的符号进行检查，对个别符号进行调整。

2）可集中创建几种常用比例的拓扑符号库，并将其存储在符号库管理文件夹中，以备使用。

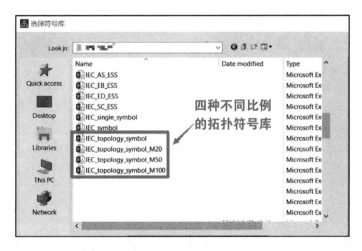

图 7-97　EPLAN 系统默认配置的拓扑符号库

2. 导入 DWG 格式的总图，带比例

通过 EPLAN 页导入功能，将总体布置图导入 EPLAN 系统中进行设计使用。操作方法为单击【页】→【插入】→【DXF/DWG】命令，如图 7-98 所示。

图 7-98　DWG 图纸导入方法

拓扑图页类型设置如图 7-99 所示，将导入并调整完毕的底图图纸的【页类型】设置为【<43> 拓扑（交互式）】，完善【页描述】和【<11016> 图框名称】信息，检查【<11048> 比例】信息是否正确，若不正确，可手动修正。

图 7-99 拓扑图页类型设置

操作建议：

（1）导入前对总图进行预处理

1）在 CAD 中打开总图，删去图框，因为导入后 EPLAN 会为其配置相应的图框。

2）打开所有的隐藏图层，对无关图形信息进行删除操作。

3）删除总图区域外的所有干扰图形及线条。有时用鼠标中键双击图面后，总图不会满屏显示，此时就需要将总图区域外的干扰图形、线条、文字都删去，以保证无关信息不被导入 EPLAN 工作区中。

（2）导入后的图幅比例调整

1）有时，被导入的图并不能完整地在 EPLAN 工作区中显示，需要手动对其进行调整，这并不是因为操作顺序问题或 EPLAN 软件的问题，而是因为原图的图层未与 EPLAN 软件的图层对应。针对这种情况，框选中所有图形，手动拖拽并调整到图幅正确位置即可。

2）有时，可能会因不同设计者的习惯在 CAD 底图中设置的比例缩放信息不同，导致 DWG 图纸导入 EPLAN 之后图纸比例会或大或小，这就需要工程师或回到 CAD 中重新调整底图比例，或在 EPLAN 中手动修正比例，直到调整到实际需要的比例。

以上两种情况是导入 CAD 图时最常见的情况。

（3）底图图层锁定

将总体布置图统一设置为同一个图层，并将该图层锁定。这样在进行之后的设计时，不会选中该布置图的任何图形及文字，也不会对这些底图内容做任何操作。

依次单击菜单栏中的【工具】→【层】命令，开启【层管理】对话框如图 7-100 所示。

在【层管理】对话框中单击【+】按钮，新建一个层，然后勾选【已锁定】【背景】复选框。将导入的总体布置图统一设置到该图层，即可完成底图图层设置，如图 7-101 所示。

图 7-100　开启【层管理】对话框

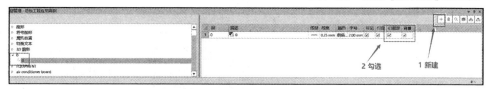

图 7-101　底图图层设置

3. 桥架设备的部件准备

创建桥架设备的部件信息。将电缆路径的材料（如穿线管、桥架）按照不同规格型号准备在部件库相应位置中。

1）电缆桥架/槽盒、穿线管等布线设备部件设置为【机械】分类下的【布线路径（拓扑）】→【常规】，布线设备部件分类如图 7-102 所示。

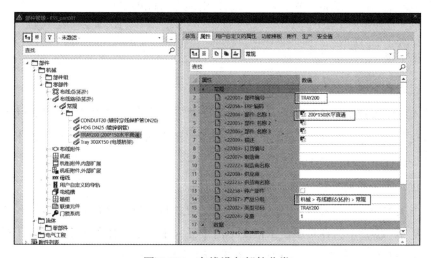

图 7-102　布线设备部件分类

2）弯通、变径等布线设备连接件设置为【机械】分类下的【布线点（拓扑）】→【常规】，布线设备连接件分类如图 7-103 所示。

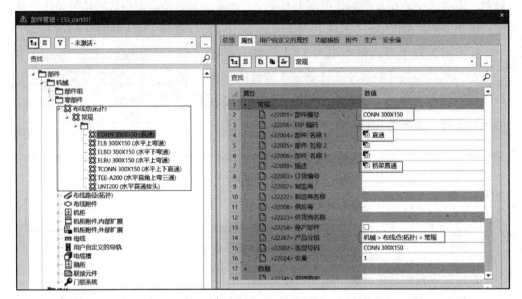

图 7-103　布线设备连接件分类

按照以上的操作步骤和方法，对所用到的每一种型号的桥架、槽盒、连接件、弯通件逐一进行创建。

有了以上的设计准备工作，就可以进行电缆布置图的设计。

7.8.2　设计操作

1.设置页属性

导入总体布置图，将其设置为背景图层并锁定；同时，将【页类型】更改为【<43>拓扑（交互式）】，完善【页描述】【<11016> 图框名称】【<11048> 比例】，电缆布线图页属性设置如图 7-104 所示。

2.设计电缆走向路径，并为路径选型

在图纸中插入布线点（一般为电缆桥架 / 槽盒的端头、弯通）、布线路径（一般为电缆桥架 / 槽盒），在菜单栏中依次单击【插入】→【拓扑】→【布线点】或【布线路径】命令进行设置，电缆布线路径设计如图 7-105 所示。

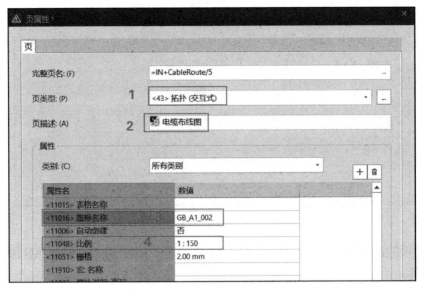

图 7-104　电缆布线图页属性设置

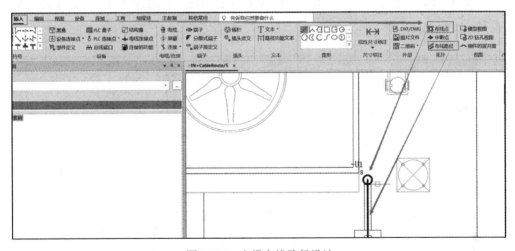

图 7-105　电缆布线路径设计

其中，在【属性（元件）：布线点】对话框中，可以手动添加【布线长度】值，该值用于对电缆桥架/槽盒垂直高度的补充，也可以作为所有电缆通过该布线点时的长度补偿值，若不填写，则默认布线点与电缆在同一个水平面中。布线点长度补偿值设置如图 7-106 所示。在【部件】选项卡中，可以对桥架端头、弯通进行部件选型，可以是部件库中的成品部件，也可以是多个部件的组合，如水平下左弯通可以用水平下弯通和下左弯通进行组合。

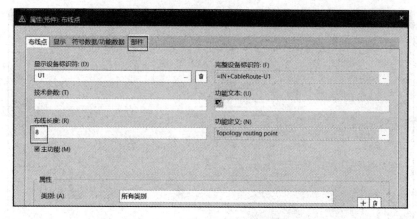

图 7-106 布线点长度补偿值设置

布线路径、布线点的选型请参考图 7-102 和图 7-103，并在部件库相应位置进行部件选型。

3. 放置仪控设备

以图 7-107 为例，将该回路图中的设备按照布局要求，通过设备导航器拖拽至电缆布线图相应位置中。

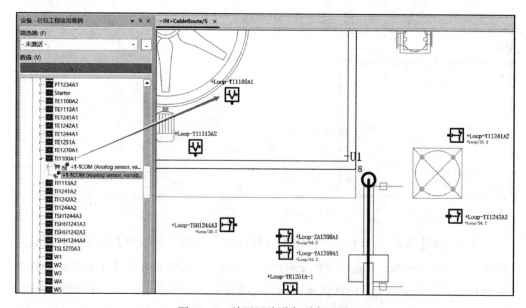

图 7-107 放置回路设备到布置图

这些设备信息也可以通过预规划导航器拖拽至平面图中，依次完成布局图中设备布局的工作。用户可自行进行该功能的尝试和使用。

4. 生成连接

按照如图 7-108 的操作,先选中该布置图,然后依次单击【连接】→【拓扑】→【布线】命令,当布线路径为亮紫色,表示该布线完成,此时可以打开回路图,布线长度会自动在回路图中显示出来。布线长度在回路图中的显示如图 7-109 所示。

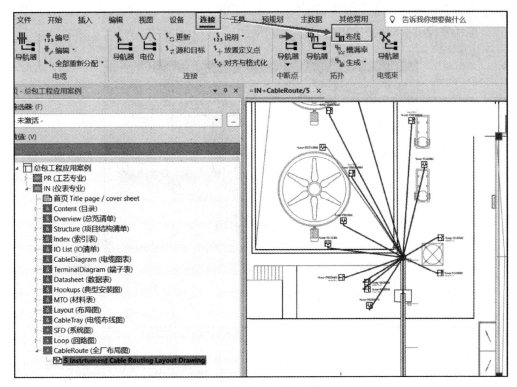

图 7-108　自动生成布线连接关系

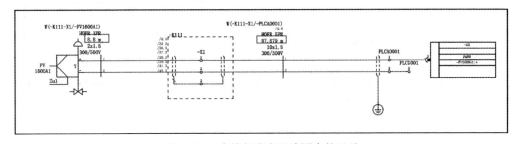

图 7-109　布线长度在回路图中的显示

该长度的显示可根据工程师的实际操作需要进行显示或隐藏,EPLAN 默认的显示样式是将长度显示在原理图中,便于图纸检查。

5. 生成电缆布线清单

通过 EPLAN 的自动报表功能，可以将布线完成的电缆按照需要生成相应的电缆清单，其中可以包含电缆的源、目标、型号、长度、经过的敷设路径等信息，也可以包含在图纸设计中已有的其他信息，这些信息可以根据出表需要进行定制。

电缆敷设清单，建议采用【拓扑：已布线的电缆 / 连接】报表类型进行统计与输出。电缆敷设清单的报表类型如图 7-110 所示。

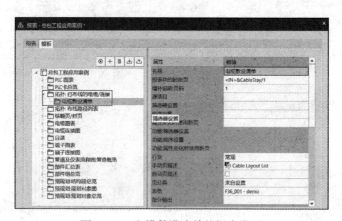

图 7-110　电缆敷设清单的报表类型

常规的电缆敷设清单样式如图 7-111 所示。

电缆敷设清单

F36_001 - demo

电缆编号	类型号	长度 [m]	源	源连接点长度 [m]	布线途径	目标	目标连接点长度 [m]
+Loop-W(-K111-X1/-PLCA0001)	HOFR 5PR	88	+Loop-K111-X1	1.997	+CableRoute-U40;+CableRoute-BR2;+CableRoute-BR3 +CableRoute-RT3;+CableRoute-RT4;+CableRoute-U71	+Loop-PLCA0001	1.997
+Loop-W(-K111-X1/-PLCDI001)	HOFR 5PR	88	+Loop-K111-X1	1.997	+CableRoute-U40;+CableRoute-BR2;+CableRoute-BR3 +CableRoute-RT3;+CableRoute-RT4;+CableRoute-U69	+Loop-PLCDI001	1.997
+Loop-W(-K111-X1/-PLCJBR001)	HOFR 10TR	88	+Loop-K111-X1	1.997	+CableRoute-U40;+CableRoute-BR2;+CableRoute-BR3 +CableRoute-RT3;+CableRoute-RT4;+CableRoute-U74	+Loop-PLCJBR001	1.997
+Loop-W(-K111-X1/-TE1100A2)	HOFR 1TR	61	+Loop-K111-X1	1.378	+CableRoute-U40;+CableRoute-BR2;+CableRoute-BR4 +CableRoute-U51	+Loop-TE1100A2	1.378
+Loop-W(-K111-X1/-TE1113A1)	HOFR 1TR	61	+Loop-K111-X1	1.278	+CableRoute-U40;+CableRoute-BR2;+CableRoute-BR4 +CableRoute-U49	+Loop-TE1113A1	1.378
+Loop-W(-K111-X1/-TE1270A1)	HOFR 1TR	61	+Loop-K111-X1	1.378	+CableRoute-U40;+CableRoute-BR2;+CableRoute-BR4 +CableRoute-U50	+Loop-TE1270A1	1.278
+Loop-W(-K111-X1/-TI1100A1)	HOFR 1TR	122	+Loop-K111-X1	2.781	+CableRoute-U40;+CableRoute-BR2;+CableRoute-BR3 +CableRoute-RT2;+CableRoute-RT1;+CableRoute-U15	+Loop-TI1100A1	2.781
+Loop-W(-K111-X1/-TI1113A2)	HOFR 1TR	122	+Loop-K111-X1	2.781	+CableRoute-U40;+CableRoute-BR2;+CableRoute-BR3 +CableRoute-RT2;+CableRoute-RT1;+CableRoute-U13	+Loop-TI1113A2	2.781
+Loop-W(-K111-X1/-TSL1270A3)	HOFR 1PR	104	+Loop-K111-X1	2.357	+CableRoute-U40;+CableRoute-BR2;+CableRoute-BR3 +CableRoute-RT2;+CableRoute-BR1;+CableRoute-U22	+Loop-TSL1270A3	2.357
+Loop-W(-PLCAI001/-Starter-X1)	HOFR 2PR	52	+Loop-PLCAI001	1.179	+CableRoute-U70;+CableRoute-RT4;+CableRoute-RT3 +CableRoute-BR3;+CableRoute-U78	+Loop-Starter-X1	1.179

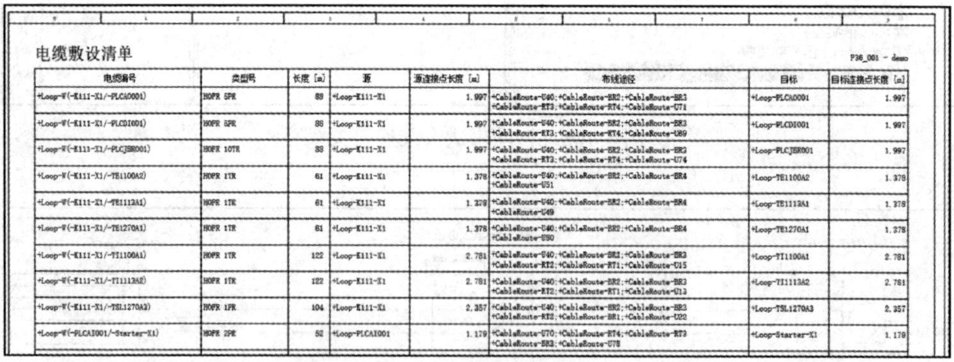

图 7-111　常规的电缆敷设清单样式

7.9 控制室布局设计

在总包工程中，EPLAN 预规划软件同样可以将控制室布局方案、控制室供电方案、控制室接地方案都整合在 EPLAN 设计平台中，使得设计数据和机柜信息也可以通过 EPLAN 预规划软件的标准化设计，与布局设计、供电设计、接地设计的数据贯穿在一起。

在 EPLAN 的平台中，同一个机柜在不同的图纸中体现的信息会有所不同，但其所表达的设备均是同一个。例如，PLC 机柜在控制室布局设计中体现的是机柜俯视尺寸在控制室建筑底图中的布局设计的准确表达（坐标、机柜尺寸、与墙体距离等）；在供电方案中体现的是其供电需求，如进线功率、开关负荷等；在接地系统图中体现的是其接地方案，如工作接地、保护接地等设计要求。

因此，基于以上设计的要求及考虑，在设计开始前需要做以下准备工作。

7.9.1　布局设计准备

1. 准备机柜设计窗口宏

可供选择的页类型有图形、总览、多线原理图，用户可根据实际设计的需要进行选择。本书采用大家熟悉的多线原理图页类型。

页属性中的【比例】属性，建议采用 1:50 或其他合适的比例，在该比例下对机柜设备外形进行长度 1:1 绘制，以适应在不同比例缩放要求的底图中进行使用。同时，机柜设备采用黑盒功能进行设计，并完善尺寸标注。机柜外形宏样式如图 7-112 所示。建议同一种规格的机柜，将不同放置方式的图形使用宏变量的方式进行管理，在图 7-112 中，四种不同的摆放方向、标注方式用同名宏下的 A、B、C、D 四个变量进行设计，并且在每一个宏中应设计一个占位符，并将设备标识符作为替换变量。机柜占位符样式如图 7-113 所示。

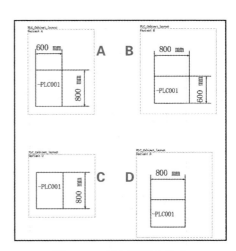

图 7-112　机柜外形宏样式

同时，可以将控制室中其他设备、家具也进行宏准备。控制台 / 操作站宏样式如图 7-114 所示。

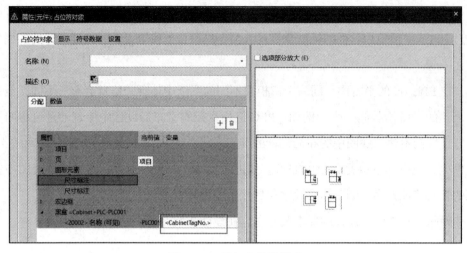

图 7-113   机柜占位符样式

2. 准备预规划中的机柜规划对象

在预规划结构段定义中，创建一个机柜规划对象，并对其进行定义，同时创建工程师站、操作站规划对象。新建机柜规划对象样式如图 7-115 所示。

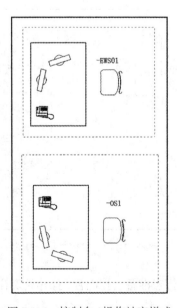

图 7-114   控制台 / 操作站宏样式   图 7-115   新建机柜规划对象样式

3. 在预规划导航器中创建相应的结构段

按照功能区域划分，将控制室布置创建在办公楼结构段中，选取机柜规划对象，并将机柜外形宏关联在该规划对象中。创建机柜预规划信息如图 7-116 所示。将已完成的机柜宏、控制台/操作站宏也分别分配到相应的规划对象中。若采用占位符变量，应调用上一级结构段的设备信息，为宏和设备命名建立对应关系。

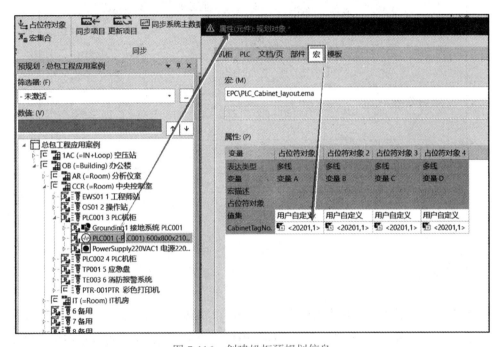

图 7-116　创建机柜预规划信息

4. 导入 DWG 格式的总图，带比例

将中控室布置图 DWG 格式底图导入 EPLAN 中，并将底图锁定，成为不可编辑信息。具体操作可参见第 7.8 节中相关的操作说明。

7.9.2　设计操作

1）在预规划结构段中创建每一种所需的规划对象，并关联相应的布局图宏；对于一整套规划对象，可以采用复制、粘贴的方式进行批量创建。

2）展开预规划导航器，将设备布置的规划对象直接拖拽到准备好的底图中，直至完成整个布局图的设计。

控制室布置图完成样式如图 7-117 所示。

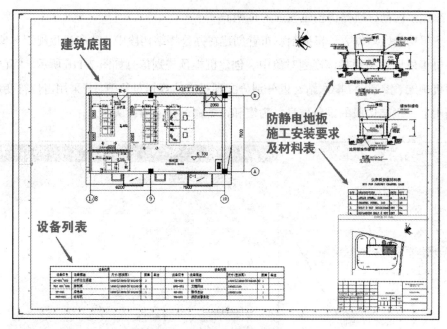

图 7-117　控制室布置图完成样式

7.9.3　操作建议

1）以上的设计准备工作多为标准工作内容，可将其存储为模板，为今后设计所用。

2）机柜布局的窗口宏可以多建几种常用尺寸的宏，宏的命名可以采用机柜尺寸或是特征值，便于快速选取和识别。

3）控制室的防静电地板处理基本属于标准设计内容，可以将该信息也存储为相应的窗口宏或页宏，方便今后设计时直接调用。

4）建议将机柜的布局图规划对象、接地图规划对象、市电供电规划对象都建立在每个机柜的 UPS 回路对象下，以上所有规划对象所关联的宏变量都调取 UPS 回路对象中的信息，如设备编号、设备名称、功率等；将参数信息统一在一个规划对象中进行管理。

5）根据设计需要，既可以细化创建机柜、工程师站、操作站的规划对象，也可以将这三个规划对象用一个规划对象进行管理，不必为每类设备创建一个规划对象，根据设计的实际需要进行准备即可。

6）布局图下方的设备列表可以采用嵌入式报表进行输出。

7.10 仪表系统接地系统图设计

根据以上的控制室布局设计准备工作，可以进一步完善机柜的接地系统方案。由于接地系统图是系统性说明文件，其内容不需带有比例，因此设计准备的接地方案宏将不采用比例缩放的设计准备，在多线原理图页类型下进行相应的创建即可。

1. 准备工作

1）创建接地典型宏。接地系统设备宏样式如图 7-118 所示，为常用的接地设备创建典型宏，其中设备编号、设备描述采用占位符变量。

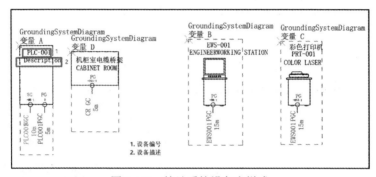

图 7-118　接地系统设备宏样式

2）创建典型接地系统图，完成接地排/板的示意。接地系统图准备样式如图 7-119 所示。

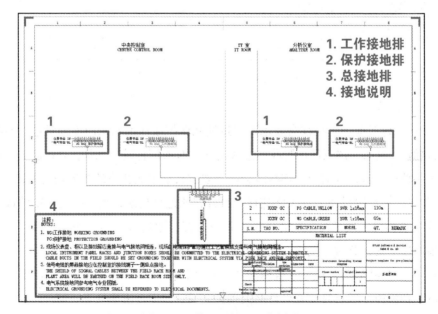

图 7-119　接地系统图准备样式

2. 设计操作

1）在预规划导航器中将设备的接地规划对象拖拽到已准备好的接地系统图样式中。

2）为设备到工作接地排、保护接地排分别建立连接。

接地系统图完成样式如图 7-120 所示。

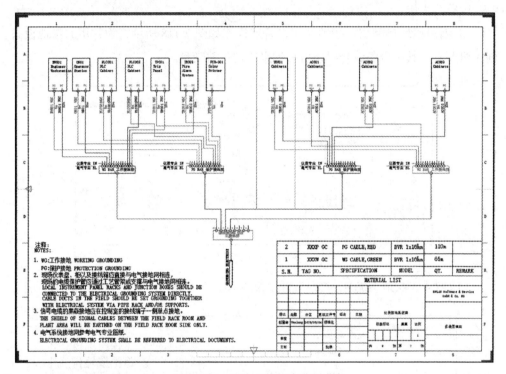

图 7-120　接地系统图完成样式

3. 操作建议

1）在设计规范中，往往会要求工作接地和保护接地说明采用不同颜色、不同线形进行标识。此时，建议使用隐藏的连接定义点对该信息进行准备；当该宏被调用，并产生接地连接时，其对应的连接线会按照要求自动生成相应的线形表达方式。

2）建议先放置设备，再关联连接。打开智能连接功能，拖拽接地板中的设备连接点或端子到机柜接地端子的正下方，形成连接，通过智能连接功能将该连接点或端子拖回接地板，此时连接线会随着拖动自动关联。

3）创建几种常用的接地系统图样式，并将其存储为模板，设计时调用不同的模板即可，在模板上进行修改和设计会大幅提高设计效率及准确性。

7.11 仪表系统供电系统图设计

根据控制室布局设计准备工作，可以进一步完善机柜的供电系统设计方案。基于供电系统图同样为系统性说明文件，其内容不需带有比例，因此设计准备的接地方案宏将不采用比例缩放的设计准备，在多线原理图页类型下进行相应的创建即可。

按照机柜的常规供电要求，做如下的设计宏准备：供电系统图典型窗口宏如图 7-121 所示的长方形框区域部分，供电系统图典型页宏如图 7-122 所示。

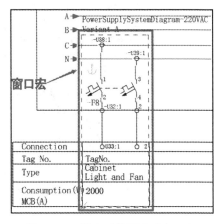

图 7-121　供电系统图典型窗口宏

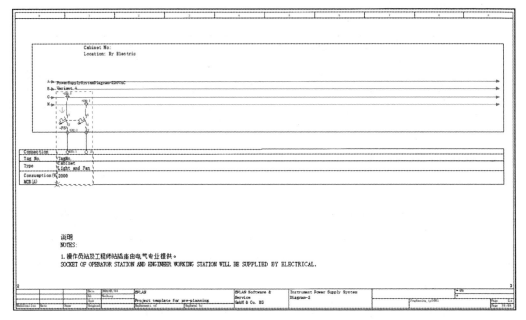

图 7-122　供电系统图典型页宏

1. 设计操作

1）在预规划导航器中建立相应的机柜回路规划对象，并将窗口宏配置到该规划对象中。配置供电系统图窗口宏如图 7-123 所示。

2）放置供电系统图典型页宏至项目中。

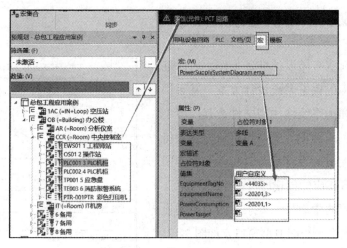

图 7-123　配置供电系统图窗口宏

3）将定义完成的回路规划对象依次拖放到 2）中页宏相应位置中。供电系统图
设计方法如图 7-124 所示。

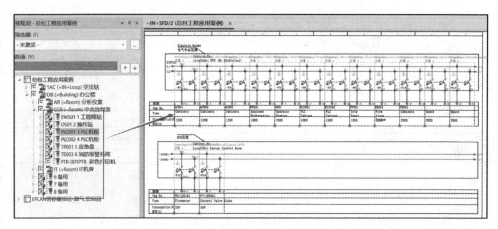

图 7-124　供电系统图设计方法

2. 操作建议

1）建议窗口宏的创建和页宏创建放在一起，这样可以提高窗口宏和页宏的匹配度。

2）建议在窗口宏中增加占位符，占位符变量包含柜编号、柜类型、机柜耗电功
率要求；这样，通过规划对象将该窗口宏放置到页面时，系统会自动将柜编号、柜类型、
机柜耗电功率等信息一并放置在图纸中，省去了人工修改和录入的过程。

3）如果机柜方案标准化程度较高，可以将机柜方案保存为结构段模板，下次使
用时可直接调用该模板，省去了临时配置窗口宏这一步操作。

7.12 报表模板设计

在一整套仪表工程设计过程中，需要用户根据设计内容将设计信息分成两类：原理设计类和报表生成类。

1. 原理设计类

由于 EPLAN 平台是数字化设计平台，因此很多设计内容都可以在文档间的数据关系中相互调用。例如，端子连接图是由每一张回路图 / 原理图中的端子连接方案自动生成的，而非人工设计或绘制生成的，因此只需要准确设计控制回路图、布置图（机柜布局、全厂电缆走向图等）、接线原理图，软件会帮助用户自动梳理出各类清单，如端子接线图、电缆连接图、电缆清单、I/O 清单、仪表索引表、材料清单、典型仪表安装图、目录、封页等。

原理设计的部分参考以上章节进行准备和设计即可。清单报表可以在项目开始前进行初步规划，甚至可以将已确定的报表生成样式、输出方案、统计要求保存在报表模板中或项目模板中，做到一次设置、反复使用。

2. 报表生成类

报表模板可保存报表的方案与设置。在生成报表时，报表模板可反复使用。在报表模板中，可以批量地将报表一次全部或部分生成出来。

报表模板样式如图 7-125 所示，它为一个典型的报表模板。报表模板的左侧树形

图 7-125　报表模板样式

结构用来创建、管理每一个子报表的模板，右侧属性及数值配置显示区域用来对子报表的具体输出要求进行配置与管理。对应信息的类别说明见表 7-1。

表 7-1 类别说明

编 号	说 明	备 注
1	定义在左侧报表模板管理器中显示的名称	
2	定义报表在项目中生成的位置	
3	定义报表生成时采用的筛选规则	
4	报表在项目中的名称	此处可以与 1 的名称一致
5	定义报表生成时采用的表格样式	
6	定义生成报表时采用的 EPLAN 报表规则	EPLAN 提供了 48 类报表及其规则

操作建议：

1）选用合适的报表规则，该规则需要对照生成结果进行选用。例如，若需要生成材料汇总表，应选用【部件汇总表】；若需要生成材料与设备的对应清单表，应选用【部件列表】。

2）在选取不同类型的报表之前应在相应的导航器中进行查看，以便更好地确认输出信息的正确性。例如，【预规划】类报表的所有输出信息均可以在预规划导航器中找到，并且可以通过预规划导航器的筛选器进行梳理。通过导航器和导航器的筛选器进行确认，对报表的准备工作将是事半功倍的。

3）对于项目结构复杂、报表输出位置多的情况，应结合项目结构信息、筛选器配置等环节进行设置，以达到最佳的输出结果。

第 8 章
电气工程高效设计应用

本章将主要针对电气工程设计中通过预规划软件进行电气系统一次图（也称为系统图、单线图）、二次图（也称为原理图）的自动化、高效设计进行介绍。在本章设计开始之前，读者可自行先创建并完成一次图、二次图的标准化工作，其中至少应创建一次图标准窗口宏与二次图标准页宏。

本章重点介绍如何使用 EPLAN 预规划软件完成对电气系统一次图、二次图的批量设计。本章将用到的 EPLAN 软件如下：

1) EPLAN Electric P8 专业版独立安装版。

2) EPLAN 预规划专业版插件版。

8.1 一次图设计

对于用户而言，由于存在不同的设计场景（需求）、交付目标以及图纸表达的深度要求，因此用户在设计一次图时往往会在两种设计方案中进行选取，这两种设计方案也将使得一次图的设计从准备工作开始，一直到输出的结果以及程序逻辑关联深度产生差别。具体如下：

1) 结构化的一次图。即一次图图形、元件选型与文本注释、一次图元件与二次图元件之间具有程序逻辑关联性，能在一次图和二次图之间产生功能关联参考。通过关联参考功能，用户可在一次图和二次图之间进行页面跳转；结构化的一次图多用于支持盘柜生产、制造要求的详细设计。

2）非结构化的一次图。它仅用作示意一次图设计方案，作为示意，一次图图形与文本、一次图与二次图之间可以无程序逻辑关联性，因此这种设计不具有关联参考功能；非结构化的一次图多见于总包或大包商，对供配电方案需求的表达中。

这两种设计方案只是在图纸设计深度上存在相对的"简化"处理方案，简化的目标及效果由用户定义，EPLAN 软件并不对设计工作内容本身做简化。

本章将通过以下章节内容分别对电气设计中有关一次图的设计技巧进行讲解。

在进行设计一次图、二次图宏之前，请用户自行创建一个宏项目，将一次图左边栏以及接下来的一次图回路窗口宏、二次图页宏均创建在宏项目内。

8.1.1　一次图左边栏（注释栏）

一次图左边栏是每一份一次图的标注注释栏，用户可以在此标注回路、选型、母线规格、柜型、方案号等信息及文字描述。

根据一次图生成方案的结果，准备一次图左边栏，该内容应包含以下信息：

1）经过标准化之后的一次图左边栏。其中，每一项显示信息都将对应在右侧生成的一次图方案中的数据。以某类高压柜方案为例，高压开关柜左边栏示意图如图 8-1 所示。

2）具有一定使用范围的通用性。在进行此类柜型一次图设计时，该左边栏均适用，至少应当普遍适用。

3）所有的一次图回路宏，包括一次图的左边栏，均创建在单线图页类型中。单线图页类型如图 8-2 所示。

图 8-1　高压开关柜左边栏示意图

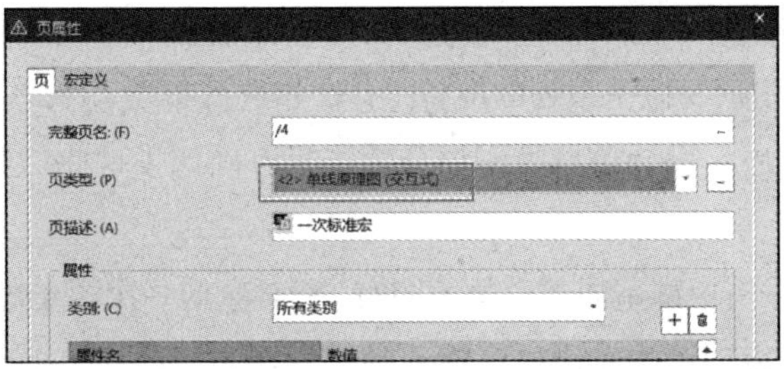

图 8-2　单线图页类型

8.1.2　左边栏设计

该一次图左边栏的设计，应当尽可能满足右侧将被排列的一次图回路需要显示的设计信息。

首先，对设计内容进行标准化，如将一次图左边栏的布局、一次回路图框架结构进行标准化对应。一次图左边栏标准化设计如图 8-3 所示。

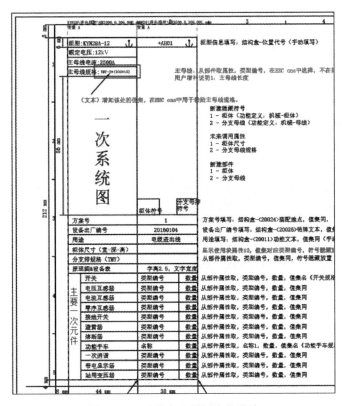

图 8-3　一次图左边栏标准化设计

　　标准化设计的主要目的是将设计内容的复用性进行最大化处理。因此，在进行标准化设计之前，用户要做一系列的准备工作，如进行布局、格式、字体、显示对象、替换变量、显示顺序、设计信息类型划分等。只有确认了这些信息后，标准化工作才可以展开。

　　在有些情况下，当柜型不同或容量不同时，所对应的一次图左边栏也会有所不同。因此，经过标准化梳理后的左边栏可能不唯一，但为了适应更多的设计需要，应尽量减少左边栏的种类，让更少的左边栏适应更多的设计需要。有时，优化左边栏也是标准化工作的重要部分。

　　在一次左边栏中，用户需要考虑可能会变化的信息，如在本示例中，直观能看到的变化的信息可能是母线描述和柜型编号，此外还有隐性的变化信息，如当前一次图页的页描述。用户需要将这两个信息通过占位符变量进行管理。一次图左边栏占位符变量如图 8-4 所示。

　　页描述指的是页面在页导航器中显示的文字信息。页描述示意如图 8-5 所示。

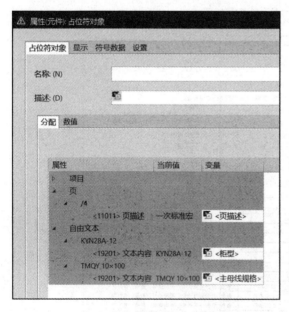

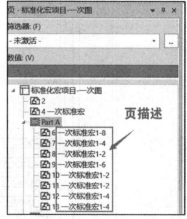

图 8-4　一次图左边栏占位符变量　　　　图 8-5　页描述示意

　　将占位符对象拖放在左边栏合适的区域范围内。

　　建议将占位符对象放置在该左边栏的设计范围内，布置占位符如图 8-6 所示。布置占位符对象的位置，宜选择在不遮盖或不覆盖格式线框、文字标识等的位置。

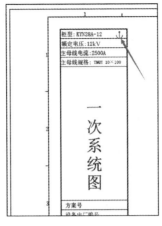

图 8-6　布置占位符

接下来，为一次图左边栏创建宏边框，并为该窗口宏定义存放路径及宏名称。

8.1.3　需结构化的一次图

需结构化的一次图是指一次图方案中的机柜（或抽屉等），其一次元件需要与二次图中的元件进行数据关联与同步管理。此时，需要按照以下方式对一次图回路窗口宏做处理。结构化的一次图方案如图 8-7 所示。

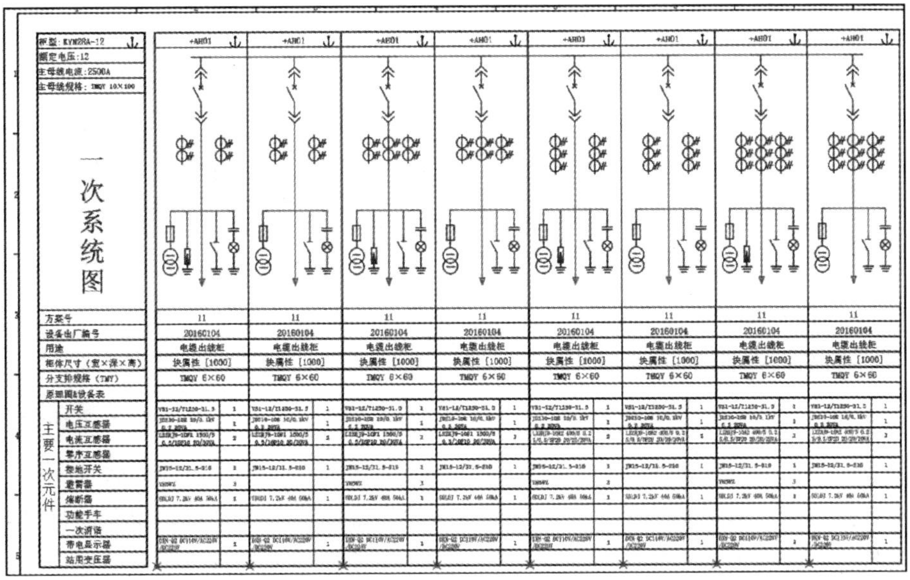

图 8-7　结构化的一次图方案

1. 建立结构信息

为每一种方案配置结构盒信息，如位置代号（+）信息。用结构盒将一次图方案图形框选在其中，并将该结构盒赋予位置代号定义，即表示此处为一个机柜（或一个抽屉）方案；该位置代号将在二次图设计时自动与二次图的位置代号对应，如图8-8所示。

2. 绘制一次图回路

根据一次图回路设计的要求，在回路框中用设计符号组合并绘制出相应的回路图形，如图8-9所示。

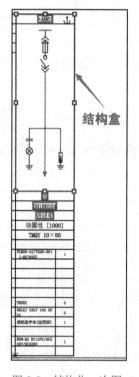

图 8-8　结构化一次图 -1

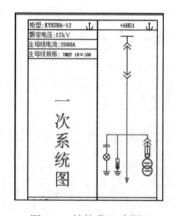

图 8-9　结构化一次图 -2

3. 确定并分配主功能

对于在一次图与二次图中均需显示的设备，用户应在宏设计阶段确定该设备主功能所在位置，或在一次图符号中，或在二次图符号中。无论选择在哪个图中选择设备的主功能，对于同一个元器件或设备来说，都只能有一个设计位置的符号具有主功能，并将该主功能作为选型的符号，另一个设计位置的符号需取消主功能，仅作为功能示意。通常，建议用户将一次图中设备选择主功能，将二次图中对应的设备撤销主功能。如图 8-10 所示为一次图中设备【主功能】复选框被勾选。

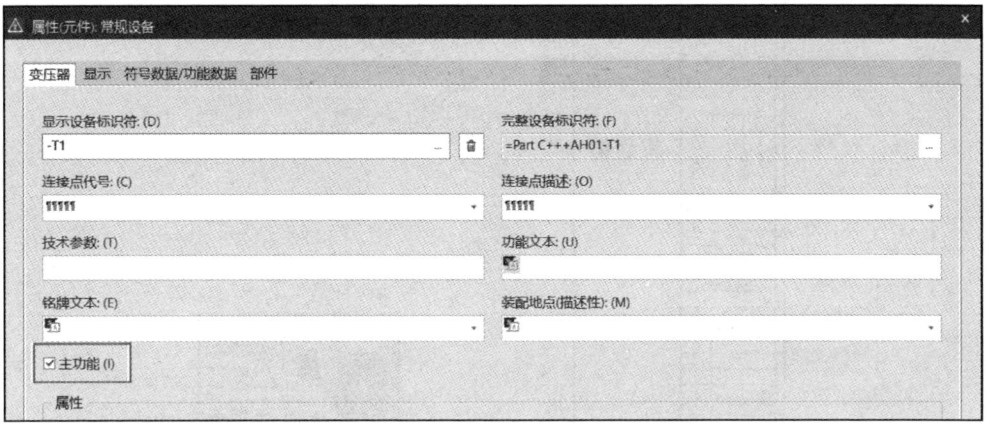

图 8-10 结构化一次图 -3

4. 设置下部表格显示信息

当通过符号将一次回路图创建完毕后，再依次为将在回路下部表格中显示信息的每一个元器件或设备进行选型，这样做的目的是将设备选型中相关的信息正确显示在下部表格中，并为显示的信息设置合适的显示样式与格式。

信息显示的要求：对照一次图左边栏，将本方案下半部分的显示信息依次从方案图形的符号中获取，并定位显示在表格相应的位置中；这些待显示的信息均来自符号相应的属性，如图 8-11 所示。所标识的信息即为符号自带的部件编号和数量信息。

5. 设置窗口宏

在创建完成的一次图回路上，插入窗口宏边框，并为该窗口宏定义存放路径及宏名称。建议窗口宏边框线覆盖在整个一次图回路框上，如图 8-12 所示。

方案号		28	
设备出厂编号		20160104	
用途		进线隔离+PT	
柜体尺寸（宽×深×高）		块属性 [1000]	
分支排规格（TMY）		TMQY 6×60	
原理图&设备表			
主要一次元件	开关		
	电压互感器	DC-1/10A 10/0.22kV/3s 1000YA	2
	电流互感器		
	零序互感器		
	接地开关		
	避雷器	YH5WZ	3
	熔断器	SDLDJ 12kV 10A 50 kA	3
	功能手车	隔离手车 PT手车	1 1
	一次消谐		
	带电显示器	DXN-Q2 DC110V/AC2 20V/DC220V	1
	站用变压器		

图 8-11 结构化一次图 -4

6. 设置占位符对象

接下来，框选中宏边框内所有的设计对象，全部变成高亮后，在菜单栏中依次单击【插入】→【导航器】→【插入占位符对象】命令，如图 8-13 所示。

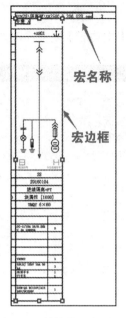

宏名称

宏边框

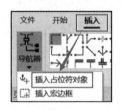

图 8-12　结构化一次图 -5　　　　　图 8-13　结构化一次图 -6

在【属性（元件）：占位符对象】对话框的【占位符对象】选项卡中，打开【分配】选项卡，依次创建所有需要被替换的属性并设置占位符变量。一次图下方表格的显示信息来自于部件库，所以需要设置占位符变量的信息为设备对应的部件编号，如图 8-14 所示。

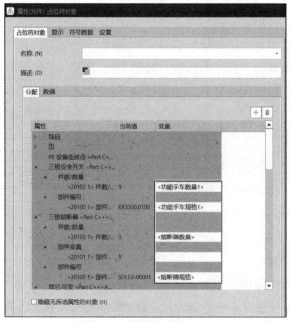

图 8-14　结构化一次图 -7

占位符对象属性中的占位符变量设置完毕后，单击【确定】按钮，系统将自动保存设置并关闭当前对话框。将该占位符对象拖放至窗口宏边框覆盖的范围内，建议放置占位符对象的位置既不影响设计信息的显示，也不影响格式整体的美观。如图 8-15 所示，可放置在顶部空白区域。

8.1.4　不需结构化的一次图

不需结构化的一次图是指在一个项目中，该一次图设计的目的不是将图形中的每一个功能在 EPLAN 软件中都与原理图的设备 / 符号进行功能匹配与关联参考，而只是为了示意该机柜或抽屉的供配电功能方案。例如，某设计院设计工厂供配电系统方案时，只对电机控制中心（MMC）的机柜供配电方案进行表达和确认，不对机

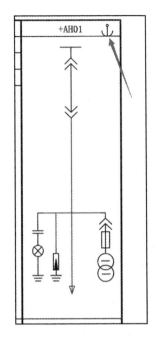

图 8-15　结构化一次图 -8

柜内接线原理、元器件具体选型进行确认。此时，该设计院的一次图目标就是供配电方案示意，而非标准的盘柜原理设计，因为设计院不负责盘柜的生产及制造。在这里，设计院所设计的供配电盘柜方案就只有一次图，没有二次图，而且一次图也只表达功能需求和部分特殊元器件的选型需求或偏好。即便该设计院绘制了二次图，该二次图也只是对关键元器件的连接、回路控制、I/O 要求进行表达。在这样的设计中所传递的信息，是为了指导分包商或盘柜厂进行之后的设备设计、生产设计。

由此可以看出，若用户对一次图、二次图设计要求并非要达到生产级别的话，采用非结构化一次图设计，不失为一种"轻量化"的解决方案。

在非结构化的一次图中，其回路图形方案可以是纯线条绘制的图形，文字说明可以是纯文本。这些线条和文字之间将无程序逻辑关联，即显示文字不来源于图形。这样做只是简化了一次图的创建准备和处理过程，但并没有对用户的设计方案产生影响。非结构化的一次图样式如图 8-16 所示。

在这里所调用的设计符号，需要将其【表达类型】修改为【<7>图形】，如图 8-17 所示。

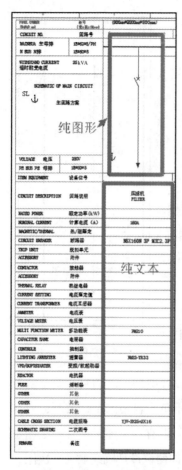

图 8-16　非结构化的一次图样式

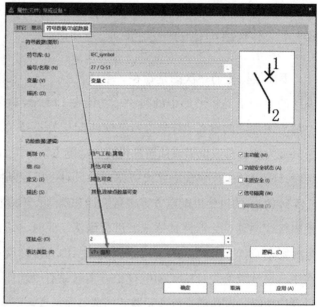

图 8-17　将【表达类型】修改为【<7>图形】

操作建议：

1）一次图左边栏通常有两种准备方式，一种是专门为左边栏准备标准窗口宏，另一种是将左边栏固定到图框中。前一种具有灵活性，对于不同类型的机柜，用户仍然可以灵活定义左边栏；后一种适用于同一种类型的机柜一次图设计，当所有的一次图方案都采用同一个左边栏对照方案时，就可以采用将其固化进图框，以"背景"的方式进行调用。

2）盘柜设计制造厂家使用需结构化的一次图最为广泛。一方面，需结构化的一次图便于集中设计与管理整个项目乃至每个盘柜的信息；另一方面，便于与 PDM/ERP 等系统集成，进行物料管理更加清晰。这时，一次图中的图形方案的每一个设计符号都具有实际意义，其内部会关联高层代号、位置代号、设计符号、元件选型、元件设备标识符、功能文本、技术参数等内容；图形下方所显示的文字说明信息均来自各个设计符号的相关属性，而其中绝大部分的属性来自部件库；当元件的选型发生变化之后，图面中的显示信息将随型号的变化而自动改变。

3）通常总包设计院会采用不需结构化的一次图。此时的设计并不关注盘柜的内部具体设计和物料统计，而只关注设计要求和方案的正确性。这时，一次图中的图形方案可以是图片、线条勾绘，显示的文字可以只是文本。

4）对一次图表格中的每一个信息，如柜编号、部件编号、部件数量等信息，应已用占位符做好了【占位操作】，即将被批量替换的信息都应有独立的变量名称，且在该占位符中不做值集预留，或值集预留后【可变】栏位应被勾选，占位符值集操作示意如图 8-18 所示。

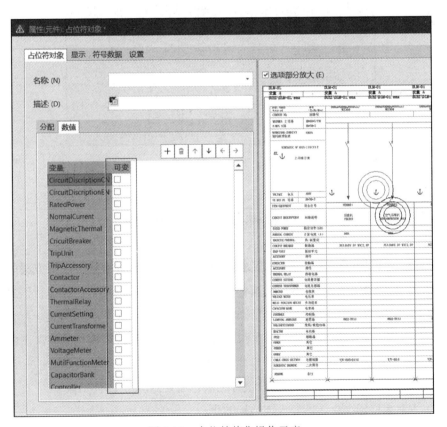

图 8-18　占位符值集操作示意

5）每一个一次图方案窗口宏应采用同样的占位符变量。这样操作可以提高窗口宏准备工作的工作效率，也可以提升图纸输出的标准化程度，也更容易采用接下来的自动化生成一次图的设计方法。

6）将创建好的窗口宏统一生成到本地。在页导航器中选中当前宏项目，依次单击菜单栏中的【主数据】→【宏】→【自动生成】命令，生成一次图回路宏，如图 8-19 和图 8-20 所示，单击【确定】按钮确认并关闭窗口。

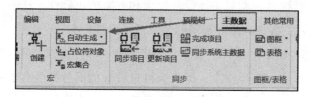

图 8-19　生成一次图回路宏 -1

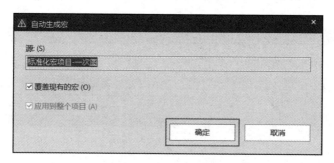

图 8-20　生成一次图回路宏 -2

8.2　一次图在预规划软件中的设计与输出

在进行接下来的操作前，应按照出图设计的要求，准备完毕一次图方案的每一个窗口宏，以及窗口宏中需要被批量替换的设计信息（需已用占位符进行信息【占位操作】）。

以下内容虽采用需结构化的一次图内容做介绍，但不需结构化的一次图的操作过程及方案与其完全一样。

在开始采用预规划软件进行高效设计之前，需要做以下工作：

1）方案表格标准化，即导入表格标准化。

2）在预规划软件中自定义属性环境准备。

3）在预规划软件中创建高效设计结构段及规划对象模板。

4）在预规划软件中配置符合设计方案要求的属性匹配原则。

8.2.1　方案表格（Excel）准备工作

根据设计目标，准备设计方案所用到的方案的导入表格。该表格可以用 Excel 和 TXT 文本两种方式进行准备，建议采用 Excel 表格，因为数据在 Excel 中编辑管理会更加直观。

标准化地导入表格有以下几个注意事项：

1）表格中可以有公式、筛选、排序、颜色标注等操作。

2）表格有效区域中（表头、表格内容），不可以有合并的单元格形式。

3）如在 Excel 表格中没有对表头和表格内容进行特殊定义，通常默认首行为标准化导入表的表头或列标题。本书以通常默认情况下的表格进行介绍。

4）逐行写入对应的设计信息。

标准化地导入表格样式如图 8-21 所示。

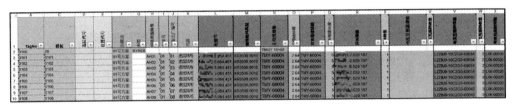

图 8-21　标准化地导入表格样式

8.2.2　预规划软件环境准备

1. 创建自定义预规划属性

由于有很多属性将从 Excel 表格中直接写入 EPLAN 预规划软件中，因此需要为每一个即将导入的信息做好属性信息的存储和调用规划。通常可以采用 EPLAN 预规划软件中已有的属性，如【<20045> 备注】【<20201> 块属性】等进行管理，如图 8-22 所示。

为了更加直观与方便地使用这些属性，建议采用自定义的属性进行管理，以提高设计的通用性和直观性。这样可以很方便地对数据及数据的属性进行调取与管理，数据名称和属性名称均可一一对应。自定义属性样式如图 8-23 所示。

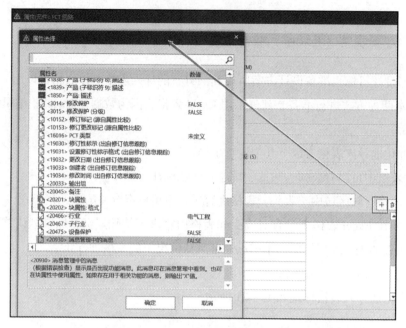

图 8-22　预规划软件环境准备 -1

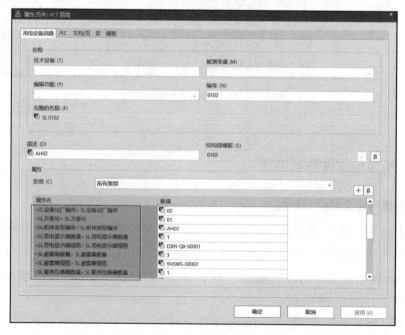

图 8-23　自定义属性样式

可按照以下步骤进行自定义属性的创建准备。

在菜单栏中依次单击【工具】→【管理】→【属性】命令，如图 8-24 所示。

在弹出的【配置属性 - 一次二次 _ 结构化 demo】对话框中，单击左侧树形管理器上部的【+】按钮创建新的属性，如图 8-25 所示。新创建的属性标识可以是纯中文形式，为了在树形管理器中方便归类和管理自建的属性，建议在输入标识性名称时采用【结构 . 名称】的方式填写，如示例中为【SL. 方案号】。

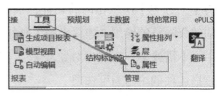

图 8-24　预规划软件环境准备 -2

图 8-25　预规划软件环境准备 -3

确认填写无误后，单击【确定】按钮将打开如图 8-26 所示的界面。以下几个关键信息，需在填写和处理时做好规划，以便在管理和使用时更加清晰方便。

图 8-26　预规划软件环境准备 -4

【显示名称】：将在 PCT 回路或规划对象中使用时显示的信息。可参考图 8-23 方框中的显示样式。建议用户命名时采用【大分类 . 名称】的形式，便于系统自动紧凑【大分类】信息相同的属性，也便于维护与管理。至于【大分类】和【名称】之间的分隔符的使用，建议采用下画线或点。

【描述】：在规划对象或 PCT 回路时，单击该属性将弹出有关使用说明信息，该描述项的填写为可选项。

【分配】：这里选择【预规划】下拉菜单选项，这个属性将使用在预规划设计场景中。这里的选择一旦确认，则不可更改。

对于其他的属性内容，用户可根据自己的使用需要进行配置。当自定义属性创建完成后，单击【应用】和【确定】按钮，系统将自动保存并关闭当前对话框。

接下来，单击菜单栏中的【预规划】→【编辑】→【配置结构段定义】命令，如图 8-27 所示。

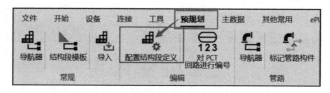

图 8-27　预规划软件环境准备 -5

在弹出的【配置结构段定义 - 一次二次 _ 结构化 demo】对话框中，单击展开左侧管理器中的【PCT 回路】，选择【用电设备回路】；在右侧配置栏中选择【结构段属性】选项卡，单击配置框右上角的【+】按钮，如图 8-28 所示。

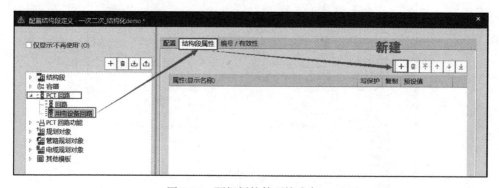

图 8-28　预规划软件环境准备 -6

在弹出的【属性选择】对话框中选中新建的自定义属性，按住〈Ctrl〉键进行单选，或按住〈Shift〉键进行范围选择。在属性被选中且高亮的状态下，单击【确定】按钮，将属性加载到【PCT 回路】→【用电设备回路】的结构段属性框中，如图 8-29 所示。

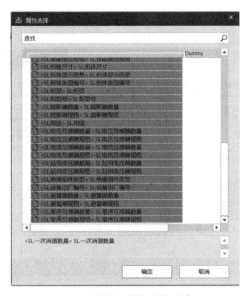

图 8-29　预规划软件环境准备 -7

将自定义属性配置到预规划对象中后，单击【应用】按钮，再单击【关闭】按钮即可，如图 8-30 所示。

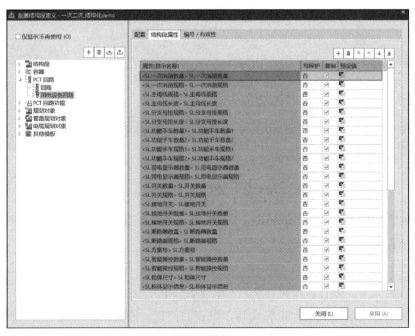

图 8-30　预规划软件环境准备 -8

2. 结构段模板的创建

首先，选择合适的规划对象，对导入信息（柜信息）进行管理。此处采用【PCT
回路】→【用电设备回路】作为数据导入、导出、
集中管理的规划对象。

在预规划导航器空白处右击，在弹出的菜
单中选择【新的规划对象】命令，在弹出的对
话框中单击展开【PCT 回路】，选择该分支下
的【用电设备回路】，选取合适的数据规划对
象如图 8-31 所示。

图 8-31　选取合适的数据规划对象

在弹出的【属性（元件）：PCT 回路】对话框中，选择【用电设备回路】选项卡，
在【编号】和【描述】中分别录入回路编号和柜编号，如图 8-32 所示。

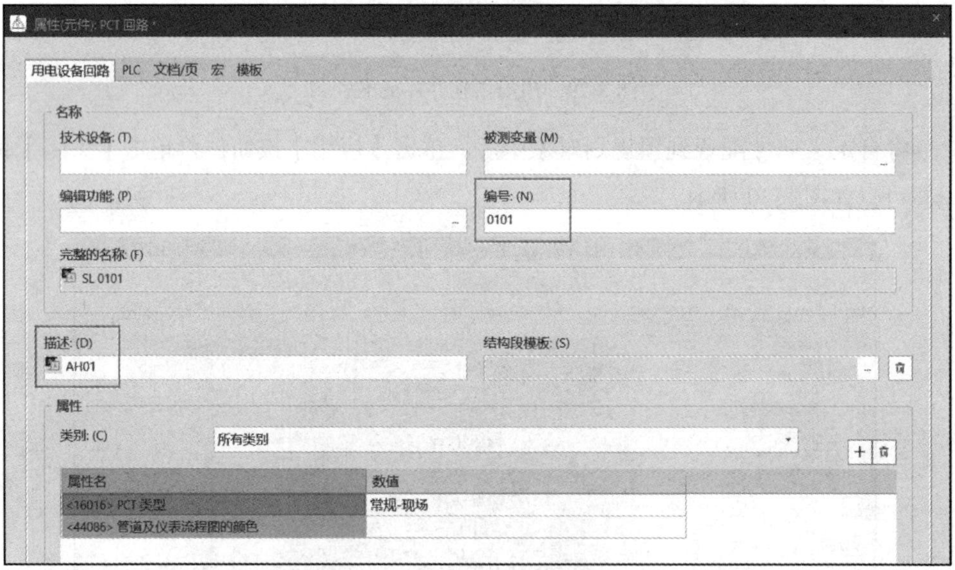

图 8-32　创建结构段模板 -1

在属性框的下部显示区域单击【+】按钮，将需要填写数据的自定义属性调出，
选取要填写数据的自定义属性，如图 8-33 所示。

通过〈Shift〉键和〈Ctrl〉键的配合，选中所有需要填写信息的属性，单击【确定】
按钮将自定义属性提取到规划对象的【属性】栏中并依次填写数据，如图 8-34 所示。

建议在这里填写的值为正确或易于识别的信息，这些信息将为之后的快速查找
提供便捷。单击【应用】按钮，保存当前数据。

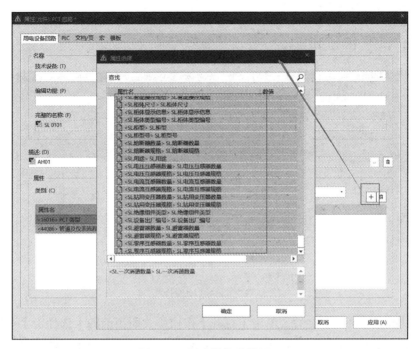

图 8-33 创建结构段模板 -2

图 8-34 创建结构段模板 -3

选择【宏】选项卡，并在【宏】配置框中选择在上一步操作中已生成的窗口宏，此处以进线柜其中一个窗口宏为例，如图 8-35 所示。

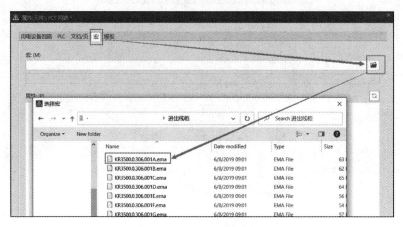

图 8-35　创建结构段模板 -4

选中相应的窗口宏之后，单击【打开】按钮，关闭当前的【选择宏】对话框。然后单击【属性（元件）：PCT 回路】对话框右下角的【应用】按钮，系统将自动读取存放在窗口宏中的占位符及占位符变量信息，如图 8-36 所示。

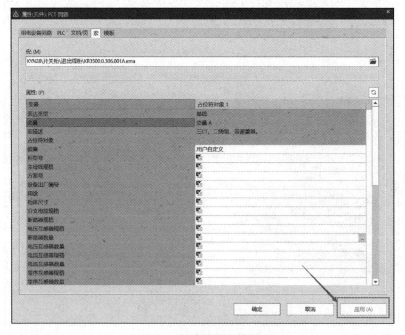

图 8-36　创建结构段模板 -5

依次为占位符变量配置与 PCT 回路数据对应关系。

这里以【柜型号】变量为例，其他变量操作均相同。单击【柜型号】右侧【占位符对象 1】列格子最右端的系统显示配置图标【…】，如图 8-37 所示。

在【格式】对话框中，选择【可用的格式元素】列表框中的【结构段数据（××××）】，单击【→】按钮，在打开的【格式：块属性】对话框中选择相应的属性信息，此处选择【柜型号】，如图 8-38 所示。

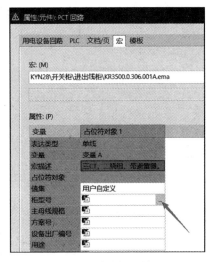

图 8-37 创建结构段模板 -6

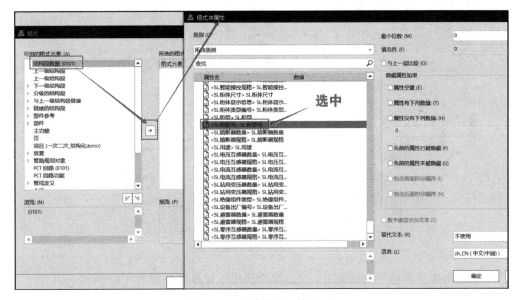

图 8-38 创建结构段模板 -7

单击【确定】按钮，直至回到【属性（元件）：PCT 回路】对话框界面，此时占位符对象的柜型号变量与规划对象 PCT 回路的用电设备回路的柜型号属性对应关系配置完成，如图 8-39 所示。

当全部的占位符变量和规划对象属性对应关系配置完毕后，如图 8-40 所示，保存当前配置。

图 8-39　创建结构段模板 -8

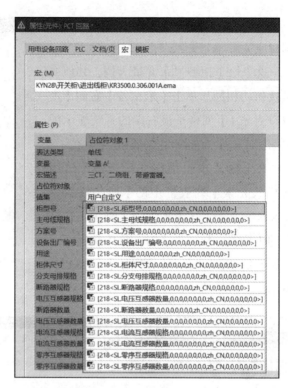

图 8-40　创建结构段模板 -9

单击菜单栏中的【预规划】→【常规】→【结构段模板】命令，如图 8-41 所示。

图 8-41　创建结构段模板 -10

系统将在预规划导航器旁边，开启结构段模板导航器，如图 8-42 所示。

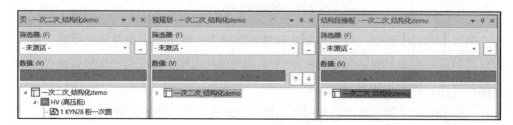

图 8-42　创建结构段模板 -11

在结构段模板导航器中，依次单击展开【PCT 回路】→【用电设备回路】，并将预规划导航器中创建的【0101 AH01】规划对象拖至结构段模板导航器对应的【用电设备回路】上之后松开鼠标，如图 8-43 所示。

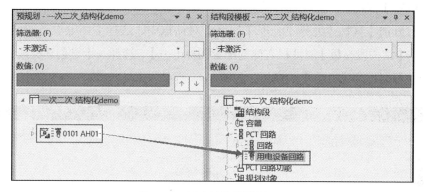

图 8-43　创建结构段模板 -12

在弹出的【属性（元件）：PCT 回路】对话框中，选择【结构段模板】选项卡，完成对当前模板的定义，如图 8-44 所示。【标识性名称】中填写模板的编号、缩写等，它是模板在本系统中的唯一标识号；【描述】中为当前模板的文字描述。

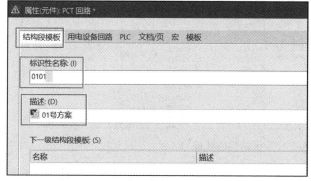

图 8-44　创建结构段模板 -13

将模板信息录入完成后，保存当前录入信息，并关闭当前结构段模板属性配置界面。

按照以上的方法，依次将不同的一次图设计方案的模板创建进预规划的结构段模板中。创建结构段模板完成示例如图 8-45 所示。

接下来，用户可以在预规划导航器中对结构段模板的创建结果进行验证。

图 8-45　创建结构段模板完成示例

　　回到预规划导航器中，在空白区域右击，在弹出的菜单中选择【新的规划对象】命令，选择与模板创建匹配的结构段定义，例如，当前创建的模板为【PCT回路】→【用电设备回路】，此时，选择同样的结构段定义为【PCT回路】→【用电设备回路】，单击【确定】按钮。

　　在打开的【属性（元件）：PCT回路】对话框中，选择【用电设备回路】选项卡，单击【结构段模板】属性栏右侧的配置图标【…】，选择一个已创建完成的模板，如此处选择名称为【0101】的模板，如图8-46所示。

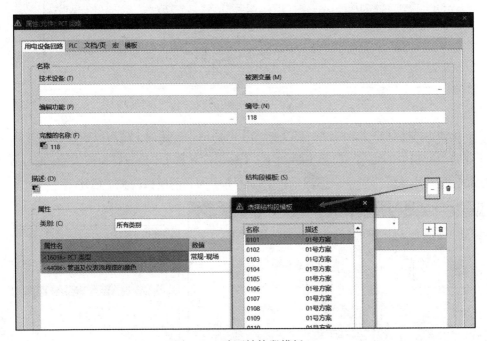

图 8-46　验证结构段模板 -1

　　模板选择完毕后，单击【确定】按钮，系统将加载选中的模板，并退回到【属性（元件）：PCT回路】对话框，此时【结构段模板】属性栏中将显示选中的模板，单击该对话框右下角的【应用】按钮，并单击【宏】选项卡，如图8-47所示。

　　此时，【宏】选项卡下有关宏的配置将被自动加载进来，如图8-48所示。单击【确定】按钮，系统将保存设置并关闭当前对话框。

　　回到预规划导航器中，找到刚刚通过结构段模板创建的规划对象。在图8-49中，1为仅在预规划导航器中进行配置的规划对象，2为通过结构段模板配置的规划对象。

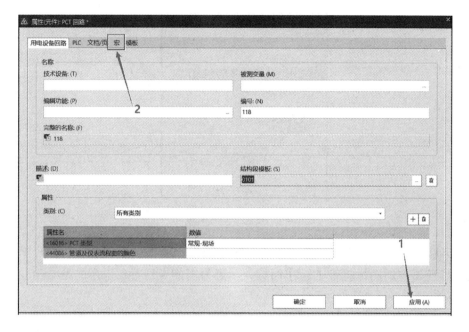

图 8-47　验证结构段模板 -2

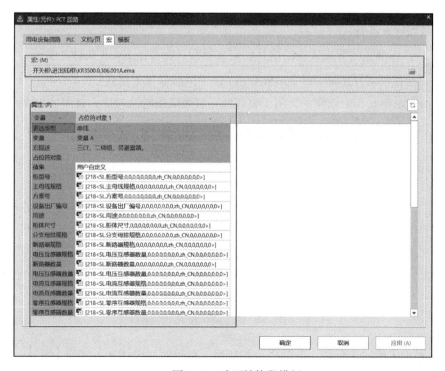

图 8-48　验证结构段模板 -3

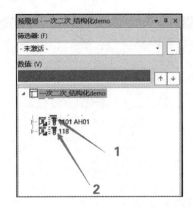

图 8-49   验证结构段模板 -4

由此可以看出，当规划对象是通过结构段模板进行配置的，该规划对象在预规划导航器中的图标将带【▲】图标，示意为当前规划对象采用的是结构段模板方案。

8.2.3   数据导入操作

1. 数据导入准备

1）确认标准化的导入表内的信息已完成填写，保存该 Excel 文件并关闭。

2）打开预规划导航器，在空白处右击，在弹出的菜单中选择【新的结构段】命令，在当前预规划导航器中创建一个用于整理和存放单线图的结构段，如图 8-50 所示。

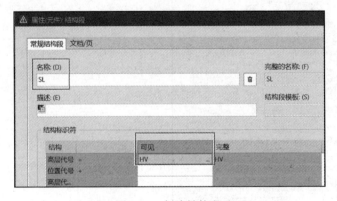

图 8-50   创建结构段 -1

3）单击【确定】按钮，系统将自动在预规划导航器中建立名称为【SL】、高层代号为【HV】的结构段，如图 8-51 所示。

图 8-51　创建结构段 -2

4）保持预规划导航器为开启的状态。在菜单栏中依次单击【预规划】→【常规】→【导入】命令，如图 8-52 所示。

图 8-52　预规划数据导入 -1

5）选择要导入的 Excel 文档。单击项目【数据】→【预规划】→【导入】命令，选择文档及数据页，并按照图 8-53 中 1~6 的顺序进行操作。

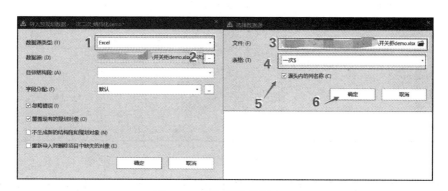

图 8-53　预规划数据导入 -2

其中需要注意以下几点：①【表格】中内容为所选 Excel 表格的表格页名称；②勾选【表头内的列名称】复选框表示确认表头为标题列。

6）选择合适的目标结构段。为将要导入的数据选择适合其规划与管理要求的目标结构段，此处选择【SL】（单线图）作为规划与管理的目标结构段，如图 8-54 所示。

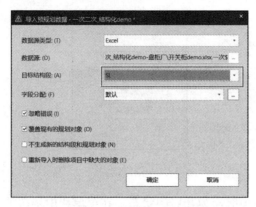

图 8-54 预规划数据导入 -3

7）配置字段分配规则。单击【字段分配】栏右侧的设置图标【…】，在打开的【字段分配】对话框中单击【+】按钮，并为接下来的导入操作创建适配的字段分配规则，如图 8-55 所示。

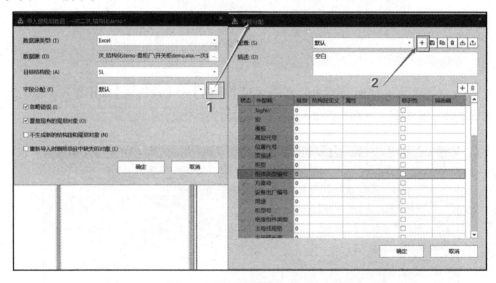

图 8-55 预规划数据导入 -4

在弹出的【新配置】对话框的【名称】中输入【开关柜一次图 Demo】，或者易于识别该配置的其他名称，如图 8-56 所示。输入完成后单击【确定】按钮。

在【字段分配】对话框中依次为即将导入的 Excel 数据表和规划对象进行数据属性配置，如图 8-57 所示。其中：

数字 1 指示的【外部框】中的信息从即将导入的 Excel 表首行自动读取获得。

图 8-56 预规划数据导入 -5

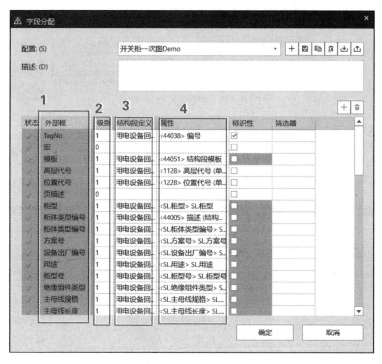

图 8-57 预规划数据导入 -6

数字 2 指示的【级别】为当前属性即将导入预规划导航器后所对应的层级,起始值为 1。此处设置为 1。

数字 3 指示的【结构段定义】为即将导入数据并通过数据生成规划对象的规划对象分类。此处选择【用电设备回路】。

数字 4 指示的【属性】为预规划对象与 Excel 数据列的匹配关系。

将字段分配的属性逐一确认并分配完毕后，单击【确定】按钮，系统将自动保存当前配置，并返回【导入预规划数据 - 一次二次 _ 结构化 demo】对话框，建议在该对话框中勾选【忽略错误】复选框和【覆盖现有的规划对象】复选框，如图 8-58 所示。

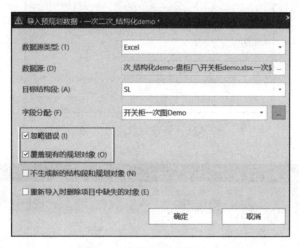

图 8-58　预规划数据导入 -7

2. 数据导入

当用户完成数据导入准备，可单击当前界面的【确定】按钮，进行数据导入操作。此时，系统会弹出导入前预览界面，如图 8-59 所示。

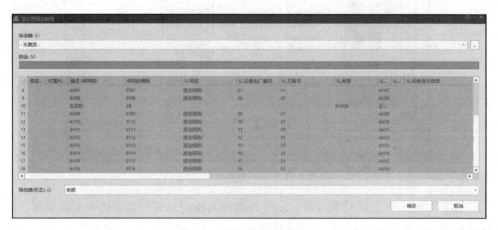

图 8-59　预规划数据导入 -8

单击【确定】按钮，系统将对数据进行导入。数据导入完毕后，系统将退回软件默认操作界面，用户可单击打开预规划导航器【SL】结构段进行查看，如图 8-60 所示。

通过对字段分配的正确配置，不仅可在预规划导航器中建立起相应的规划对象，还可将 Excel 表格中的数据导入各自对应的规划对象中，这些数据在之后的设计里将会被自动放置到图纸中。

用户可对任意导入的规划对象的属性进行查看，如图 8-61 所示。

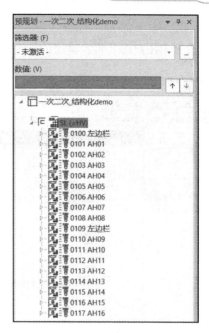

图 8-60　预规划数据导入 -9

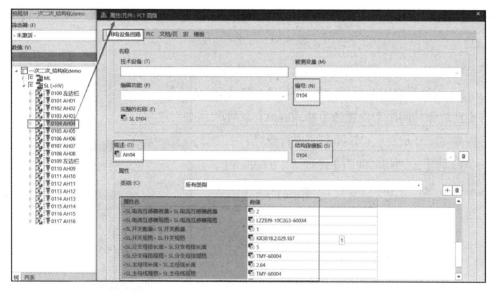

图 8-61　预规划数据导入 -10

8.2.4　一次图生成操作

当用户完成以上的数据导入操作后，可按照如下的操作方法，将一次图生成到页导航器中。

首先，用户需要将宏输出的规则做以下定义，如图 8-62 所示：

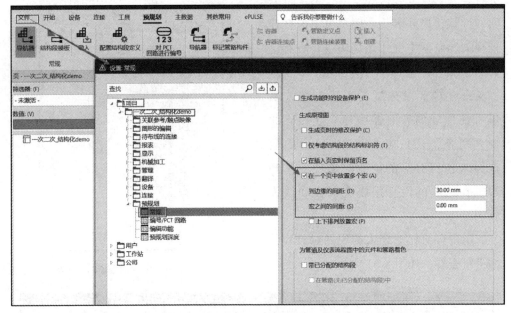

图 8-62　一次图生成 -1

1）勾选【在一个页中放置多个宏】复选框。

2）配置窗口宏与图框之间的距离，在这里将【到边缘的间距】设置为【30.00mm】，用户可根据实际显示要求对该距离值进行设置。

3）将【宏之间的间距】设置为【0.00mm】，这意味着每一个窗口宏的宏边框都将互相挨在一起。

设置完成后，单击【确定】按钮，系统将保存设置，并关闭当前设置界面。

然后，在预规划导航器中选择需要生成一次图的规划对象，在此，通过〈Shift〉键配合，选中【SL】结构段下的所有规划对象，保持其高亮的状态，如图 8-63 所示。

接下来，用鼠标单击选中这些高亮的规划对象中任意一个，将其拖放至页导航器中，如

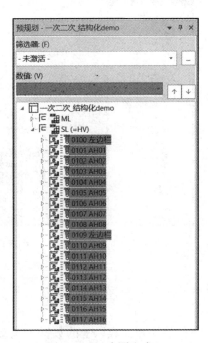

图 8-63　一次图生成 -2

图 8-64 所示。

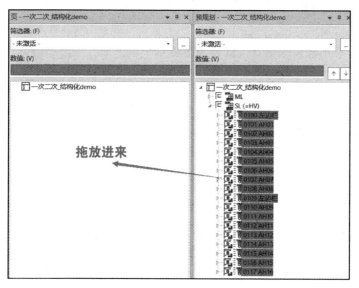

图 8-64　一次图生成 -3

一次图将按照预规划导航器中排列的先后顺序自动生成相应的回路及图纸。一次图生成效果如图 8-65 所示。

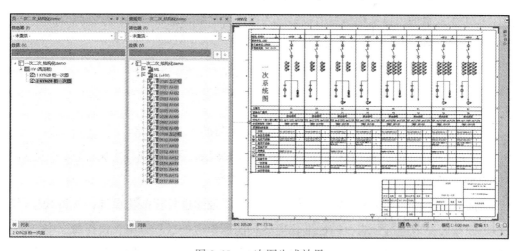

图 8-65　一次图生成效果

操作建议：

1）创建自定义的预规划属性时，可以直接将自定义属性名与标准化导入表的表头一一对应，会使配置导入信息更加直观方便。

2）导入表的表头名称也应与占位符变量名称一一对应。

3）凡是需要调用部件库信息的，应首先完善部件库，否则所显示的信息有可能会不完整或无法显示。

注意，在采用数据批量导入以及图纸批量生成之前，一定要做好宏、导入表等的标准化工作。

8.3　二次图设计

8.3.1　二次图设计准备工作

二次图设计准备工作可参考一次图的设计方法，大致如下：

1）标准化导入表。

2）导入配置。

3）占位符变量配置。

但对于二次图来说，它和一次图主要的不同在于：

1）将以页宏作为典型二次图进行输出和批量生成。

2）生成页的项目结构信息由批量导入操作直接写入规划对象中。

下面将对这两个部分进行介绍和讲解。

8.3.2　页宏的准备

本节将继续以高压柜设计为例，对页宏创建与准备进行介绍。

创建一个宏项目，在项目属性中，将【<10902>项目类型】属性定义为【宏项目】，如图 8-66 所示。

接下来，将一个抽屉或是一个柜子的典型原理图进行标准化设计，并将其按照输出图纸的要求进行分组，该标准化应尽可能地参考一次图方案，使得每一个一次图方案都可以对应输出二次图方案。该二次图方案可能是一页图纸，也可能是许多页图纸。

在页导航器中，将其中一组已进行完标准化且做完分组的二次图方案选中，使其高亮显示，右击，打开【页属性】对话框，设置页宏属性并存为一个页宏，格式为 .emp 文件。

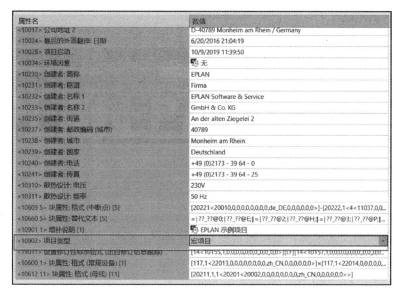

图 8-66　定义宏项目

此时，该页宏为一组图纸，如图 8-67 所示。

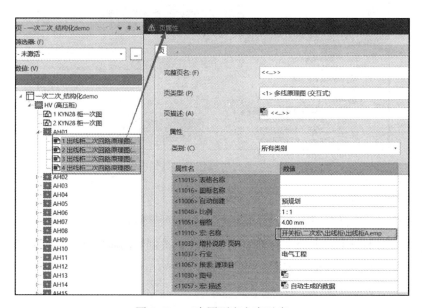

图 8-67　二次图页宏方案示意

1. 页宏的占位符设计

在页宏当中，由于会存在一组图纸组合成一个页宏文件的情况，每一张图纸中均有占位符设计的需求，因此在这样的图纸 / 页宏方案中进行占位符设计，就需要做以下工作：

1）占位符命名标准化。例如，在同一种柜型方案中，为了方便整理以及与其他柜型区分，可以采用 KY1、KY2 等方式，即【柜型缩写 + 流水号】的形式。

需要注意的是，若一个方案中所有的占位符变量没有重名，则占位符可不做命名。

2）占位符变量命名标准化。每类设备所对应的占位符变量要尽可能精炼，命名尽可能清晰。

需要注意的是，若占位符不做命名，则在同一个页宏方案里的不同页中的相同占位符变量名，在 EPLAN 预规划软件中实际为同一个占位符变量。

当设备类型相同，但占位符变量对应的变量结果不同时，应为每一个占位符进行命名，且在同一个页宏中的占位符命名不能重复，这样才能使得系统得以区分不同变量。

不进行占位符命名的情况示意如图 8-68 所示。

图 8-68　不进行占位符命名的情况示意

2. 页宏的生成

当页宏、占位符在图纸中设计完毕后，可在页导航器中选中当前宏项目，依次单击【主数据】→【宏】→【自动生成】命令，将创建的页宏按照设定的要求生成到指定文件夹中，如图 8-69 所示。

图 8-69　页宏生成

3. 创建结构段模板

创建一个原理图项目，可参考定义宏项目（见图 8-66），将【项目类型】属性定义为【原理图项目】即可。

1）规划对象的选择与定义。单击【预规划】→【常规】→【导航器】，打开预规划导航器，如图 8-70 所示。

有关二次图的设计，用户仍可根据一次图设计方案继续选用【PCT 回路】→【用电设备回路】，也可以采用新的规划对象对二次图信息进行创建与管理。本书将选用【PCT 回路】→【回路】作为二次图的规划对象，如图 8-71 所示。

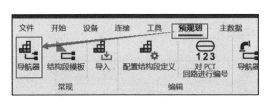

图 8-70　二次图设计 -1

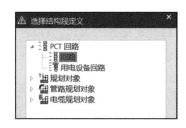

图 8-71　选用【PCT 回路】→【回路】作为二次图规划对象

在弹出的【属性（元件）：PCT 回路】对话框中，输入【编号】为【AH01】，如图 8-72 所示。

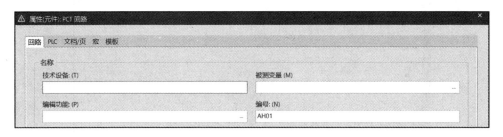

图 8-72　二次图设计 -2

在预规划导航器中创建一个【ML】（多线原理图）结构段，并将编号为【AH01】的回路拖放至该结构段中，如图 8-73 所示。

接下来，打开 PCT 回路的 AH01 属性，右击【AH01】回路，在弹出的菜单中选择【属性】命令，在弹出的【属性（元件）：PCT 回路】对话框中

图 8-73　二次图设计 -3

的【宏】选项卡中将创建的页宏选中，如图 8-74 所示。

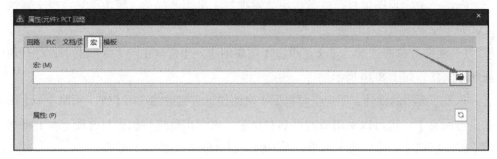

图 8-74　二次图设计 -4

打开宏配置的窗口，将右下角的宏类型选择为【页宏】，在配置界面选择相应的页宏，这里选择【出线柜 A.emp】，如图 8-75 所示。

图 8-75　二次图设计 -5

单击【Open】按钮，操作界面将回到【属性（元件）：PCT 回路】对话框，此时单击该对话框中的【应用】按钮，系统将读取当前页宏的占位符信息，并将占位符变量进行加载，如图 8-76 所示。

图 8-76　二次图设计 -6

将鼠标指针移至待配置设计信息的占位符
变量格的右侧区域,系统将显示配置按钮【 … 】,
如图 8-77 所示。

单击配置按钮【 … 】,系统将弹出【格式】
对话框,根据提示将【<ML. 二次综保装置 >】
属性配置给当前占位符变量,如图 8-78 所示。

图 8-77　二次图设计 -7

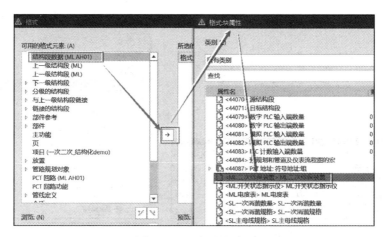

图 8-78　二次图设计 -8

以上述方式，将其他的占位符变量和 PCT 回路属性进行匹配，完成后如图 8-79 所示。将当前的设置存为模板，接下来的高效设计可直接调用。

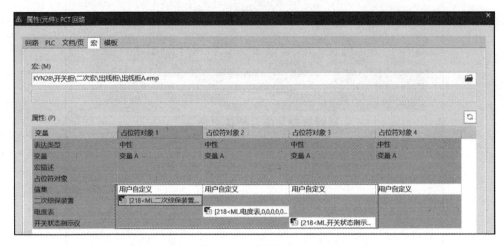

图 8-79　二次图设计 -9

2）结构段模板的设计。按照以下操作打开结构段模板导航器：依次单击【预规划】→【常规】→【结构段模板】命令，如图 8-80 所示。

将与预规划导航器对应的结构段展开，如图 8-81 所示，展开到【PCT 回路】→【回路】。

单击并按住鼠标左键，将预规划导航器中的【AH01】回路结构段拖拽至结构段模板导航器的【PCT 回路】→【回路】处，松开鼠标左键，此时会弹出一个对话框，如图 8-82 所示。

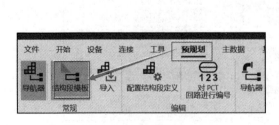

图 8-80　二次图设计 -10

图 8-81　二次图设计 -11

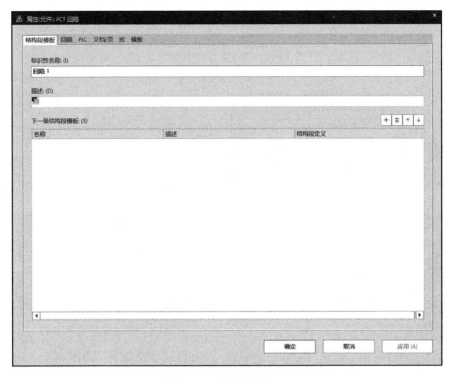

图 8-82　二次图设计 -12

在弹出的【属性（元件）：PCT 回路】对话框中依次输入【结构段模板】选项卡中的【标识性名称】和【描述】信息，如图 8-83 所示。填写完毕后，保存当前设置并关闭此窗口。

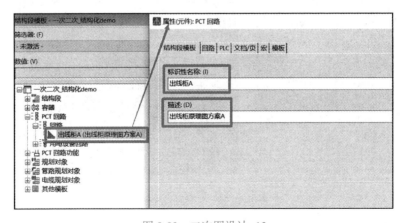

图 8-83　二次图设计 -13

在结构段模板导航器中，将创建出如图 8-84 所示的信息。

单击结构段模板导航器右上角的【×】按钮，关闭结构段模板导航器。

3）准备批量导入表。在创建一次图的 Excel 表中新建一个表格页，命名为【二次】，如图 8-85 所示。

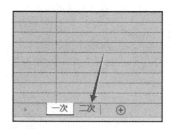

图 8-84　二次图设计 -14　　　　　　　图 8-85　二次图设计 -15

在【二次】页中，根据占位符对象变量、结构段模板名称等，创建批量导入信息，数据可按如图 8-86 所示的方式填写。

TagNo	模板	高层代号	位置代号	二次综保装置	电度表	开关状态指示仪
AH01	出线柜A	HV	AH01	PCS-00002	DSSD331-00001	RDCU-CK-8600Ⅱ-60001
AH02	出线柜A	HV	AH02	PCS-00002	DSSD331-00001	RDCU-CK-8600Ⅱ-60001
AH03	出线柜A	HV	AH03	PCS-00002	DSSD331-00001	RDCU-CK-8600Ⅱ-60001
AH04	出线柜A	HV	AH04	PCS-00002	DSSD331-00001	RDCU-CK-8600Ⅱ-60001
AH05	出线柜A	HV	AH05	PCS-00002	DSSD331-00001	RDCU-CK-8600Ⅱ-60001
AH06	出线柜A	HV	AH06	PCS-00002	DSSD331-00001	RDCU-CK-8600Ⅱ-60001
AH07	出线柜A	HV	AH07	PCS-00002	DSSD331-00001	RDCU-CK-8600Ⅱ-60001
AH08	出线柜A	HV	AH08	PCS-00002	DSSD331-00001	RDCU-CK-8600Ⅱ-60001
AH09	出线柜A	HV	AH09	PCS-00002	DSSD331-00001	RDCU-CK-8600Ⅱ-60001
AH10	出线柜A	HV	AH10	PCS-00002	DSSD331-00001	RDCU-CK-8600Ⅱ-60001
AH11	出线柜A	HV	AH11	PCS-00002	DSSD331-00001	RDCU-CK-8600Ⅱ-60001
AH12	出线柜A	HV	AH12	PCS-00002	DSSD331-00001	RDCU-CK-8600Ⅱ-60001
AH13	出线柜A	HV	AH13	PCS-00002	DSSD331-00001	RDCU-CK-8600Ⅱ-60001
AH14	出线柜A	HV	AH14	PCS-00002	DSSD331-00001	RDCU-CK-8600Ⅱ-60001
AH15	出线柜A	HV	AH15	PCS-00002	DSSD331-00001	RDCU-CK-8600Ⅱ-60001
AH16	出线柜A	HV	AH16	PCS-00002	DSSD331-00001	RDCU-CK-8600Ⅱ-60001

图 8-86　二次图设计 -16

在此可以根据出图的需要，将图纸结构信息也填写或整理到批量导入表中，如图 8-86 所示的【高层代号】和【位置代号】列。

当用户完成数据表格的准备工作后，关闭该表格即可。

4）批量创建预规划的规划对象，以及导入设置。按以下步骤打开预规划导航器：依次单击【预规划】→【常规】→【导入】命令，打开数据导入配置界面，如图8-87所示。

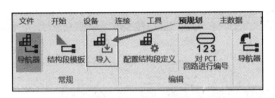

图 8-87　二次图设计 -17

在如图 8-88 所示的对话框中，配置相应的数据源信息。

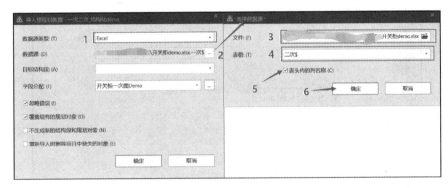

图 8-88　二次图设计 -18

其中，【表格】中内容对应的是图 8-85 的表格【二次】页；勾选【表头内的列名称】复选框；单击【确定】按钮后，为导入信息选择【目标结构段】为【ML】，并打开【字段分配】对话框，如图 8-89 所示。

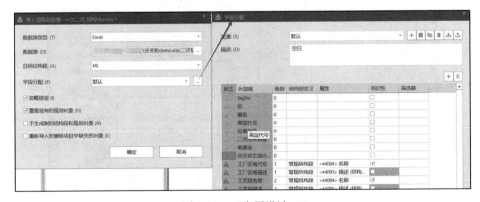

图 8-89　二次图设计 -19

在【字段分配】对话框中单击【+】按钮，在弹出的【新配置】对话框中进行数据导入配置（字段分配）的准备，创建新的字段分配规则，并命名为【开关柜二次图 Demo】，如图 8-90 所示。单击【确定】按钮，关闭该对话框。

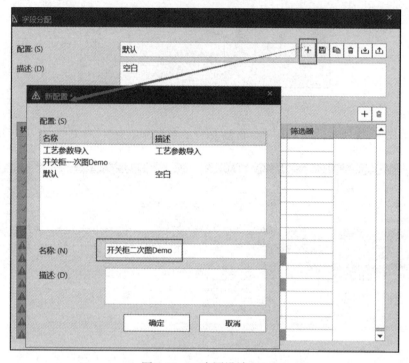

图 8-90　二次图设计 -20

按照如图 8-91 所示操作对导入表和【PCT 回路】→【回路】的属性进行配置。

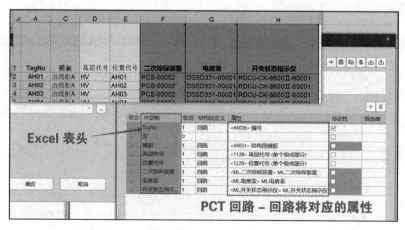

图 8-91　二次图导入规则字段分配配置示意

配置完成后，单击【确定】按钮关闭当前页。在【导入预规划数据 - 一次二次 _ 结构化 demo】对话框中，建议先勾选【忽略错误】复选框和【覆盖现有的规划对象】复选框，再单击【确定】按钮，开始导入操作，如图 8-92 所示。

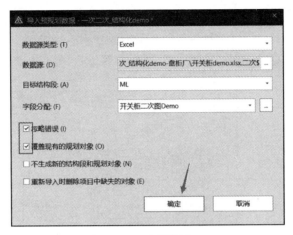

图 8-92　二次图设计 -21

之后，系统将弹出【同步预规划数据】对话框，单击【确定】按钮，完成导入操作，如图 8-93 所示。

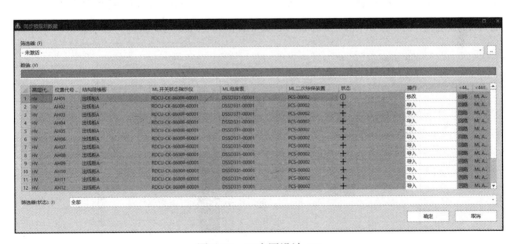

图 8-93　二次图设计 -22

8.3.3　二次图批量生成

根据以上的准备工作，将已准备就绪的二次图标准化导入表导入 EPLAN 预规划软件中，如图 8-94 所示。

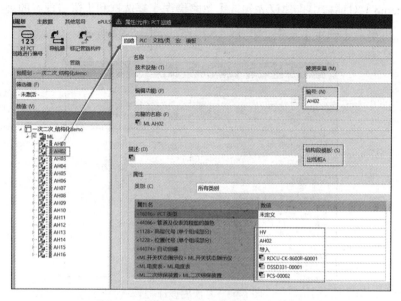

图 8-94　原理图规划对象批量生成示意

通过键盘的〈Shift〉键或〈Ctrl〉键配合，将预规划导航器中的 PCT 回路全部选中。用鼠标左键单击选中任意一个 PCT 回路，将 PCT 回路整体拖放至页导航器中，松开鼠标左键，系统将自动生成相应的二次图，如图 8-95 所示。

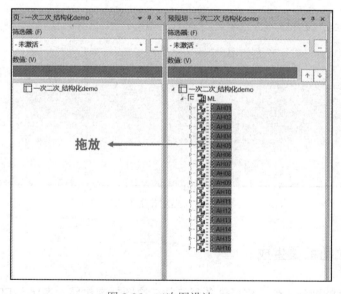

图 8-95　二次图设计 -23

完成图纸自动生成操作后的效果如图 8-96 所示。

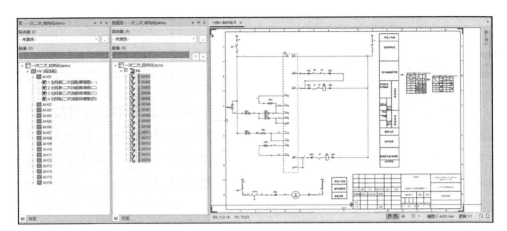

图 8-96　完成图纸自动生成操作后的效果

操作说明：

1）以上的一次图、二次图设计方法是 EPLAN 预规划中比较常用的方法，这种方法可以将部件管理放置在 Excel 中进行管理，当然，也可以直接存放在结构段模板中。若采用结构段模板进行部件管理，则需要选择【规划对象】作为预规划管理的工具，而非【PCT 回路】。此时，结构段模板中已存放了设计选型，那么，导入表将会变得非常短小，主要定义规划对象（一次方案）的编号、调用的模板、机柜编号、备注文本等信息，如图 8-97 所示。

	TagNo		模板		高层代号	位置代号		页描述		柜型	柜体类型编号		方案号	设备出厂编号	用途	
2	0100		ZB					01号方案		KYN28						
3	0101		0101					01号方案			AH01		01	01	进线出线柜	
4	0102		0102					01号方案			AH02		01	02	进出线柜	
5	0103		0103					01号方案			AH03		01	03	进出线柜	
6	0104		0104					01号方案			AH04		01	04	进出线柜	
7	0105		0105					01号方案			AH05		01	05	进出线柜	
8	0106		0106					01号方案			AH06		01	06	进出线柜	
9	0107		0107					01号方案			AH07		01	07	进出线柜	
10	0108		0108					01号方案			AH08		01	08	进出线柜	
11	0109		ZB					01号方案		KYN28						
12	0110		0109					01号方案			AH09		01	09	进出线柜	
13	0111		0110					01号方案			AH10		01	10	进出线柜	
14	0112		0111					01号方案			AH11		01	11	进出线柜	
15	0113		0112					01号方案			AH12		01	12	进出线柜	
16	0114		0113					01号方案			AH13		01	13	进出线柜	
17	0115		0114					01号方案			AH14		01	14	进出线柜	
18	0116		0115					01号方案			AH15		01	15	进出线柜	
19	0117		0116					01号方案			AH16		01	16	进出线柜	

图 8-97　高度模板化后的导入表样式

2）二次图也可以比照一次图的处理方式，进行高度模板化处理，减少对导入表的选型操作，提高出图效率。

8.4 3D 布局规划

用户可通过将 EPLAN 预规划软件与 EPLAN Pro Panel 软件进行搭配，采用从预规划导航器的分配菜单，将预规划的结构段分配给布局空间，进行 3D 部件放置。这样，用户可以将【预规划】与【页导航器】进行配合，实现自动生成图纸的效果，也可以将【预规划】与【布局空间导航器】进行配合，实现元器件三维布局仿真设计。

准备工作如下：

1）原理图宏。

2）带 3D 模型的元器件部件。

在预规划导航器中，创建一个名为【S1】的结构段信息，如图 8-98 所示。

在【S1】结构段中，创建一个编号为 1 的规划对象，如图 8-99 所示。

图 8-98　3D 布局规划设计 -1

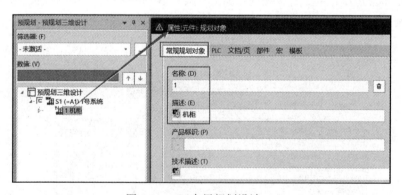

图 8-99　3D 布局规划设计 -2

为该规划对象进行设备选型，如图 8-100 所示。单击当前对话框中右下角的【应用】按钮，保存当前设置。

单击【宏】选项卡，为该规划对象（机柜）配置原理图（或一次图）的页宏或窗口宏，如图 8-101 所示。单击【确定】按钮，保存并关闭当前对话框。

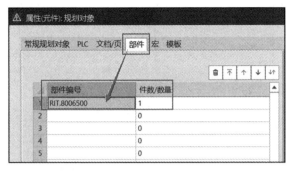

图 8-100　3D 布局规划设计 -3

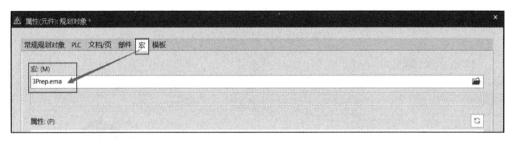

图 8-101　3D 布局规划设计 -4

在预规划导航器中，在【1 机柜】规划对象下创建待布局到机柜中的元件及附件，如【CB1 空开】【CB2 空开】【R1 安装导轨】，并为其进行设备选型，如图 8-102 所示。

创建完毕后，依次单击 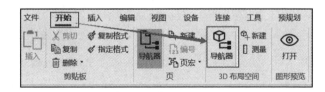 →【3D 布局空间】→【导航器】命令，打开布局空间导航器，如图 8-103 所示。

图 8-102　3D 布局规划设计 -5　　　　图 8-103　3D 布局规划设计 -6

双击布局空间导航器中新创建的空间 1，在图形编辑区打开待编辑的布局空间，如图 8-104 所示。

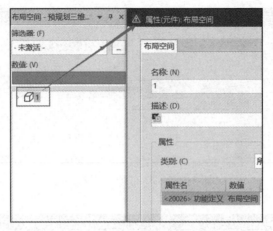

图 8-104　3D 布局规划设计 -7

将预规划导航器中的【1 机柜】拖放进布局空间，建立机柜模型，如图 8-105 所示。

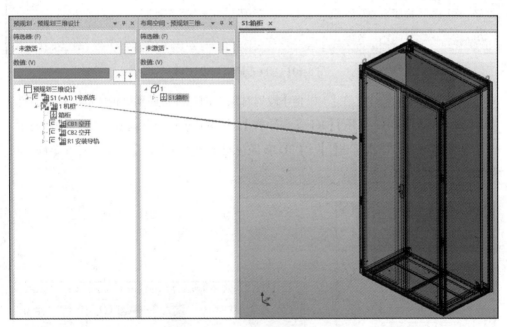

图 8-105　3D 布局规划设计 -8

展开布局空间树形管理器，双击【S1：安装板】→【S1：安装板正面】，为元件布局打开安装板，如图 8-106 所示。

依次将安装导轨、空开从预规划导航器直接拖放至安装板上，如图 8-107 所示。

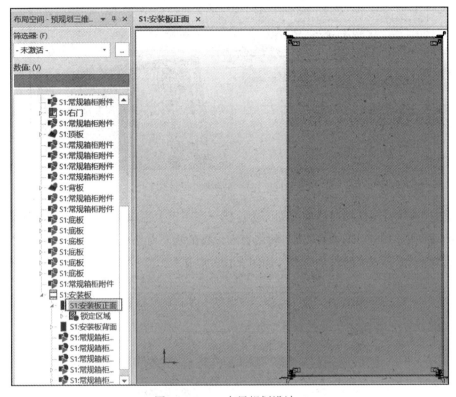

图 8-106　3D 布局规划设计 -9

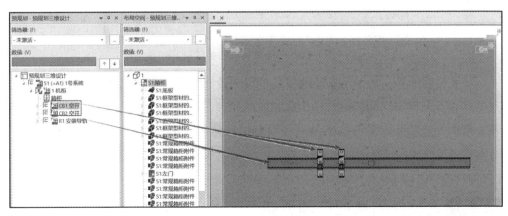

图 8-107　3D 布局规划设计 -10

当布局完成后，可双击布局空间导航器中的布局空间【1】，显示完整三维布局效果，单击【视图】→【视角】→【旋转】命令，可以对布局的效果进行旋转查看，如图 8-108 所示。

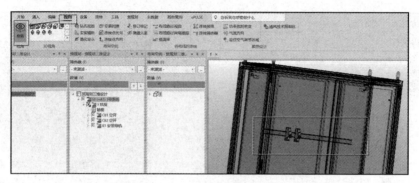

图 8-108　3D 布局规划设计 -11

用户可将机柜规划对象的原理图宏（或一次图宏）生成出来，形成完整的规划 - 布局 - 原理图 / 一次图设计方案。将带有宏设置的规划对象从预规划导航器拖放至页导航器中，完成图纸的自动生成，如图 8-109 所示。

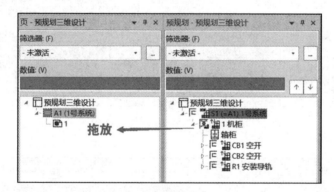

图 8-109　3D 布局规划设计 -12

需要说明的是，对于已有原理图或单线图设计方案的回路，可以通过预规划导航器在设计三维布局的同时自动生成相应的原理图或单线图，元器件选型、编号、位置结构等信息也会在 EPLAN 系统中自动进行关联，可以进一步帮助用户实现布局方案设计与原理图设计的同步进行。

8.5 占位符信息的自动更新

在 EPLAN 预规划软件中，若规划对象或 PCT 回路上的宏内的占位符对象数据发生改变，可使用预规划导航器中新的弹出菜单项直接对占位符对象的数据进行更新，根据所选的预规划层级，将对选中的层级及该层级之下的所有占位符对象进行数据更新。若要更新整个项目的预规划中的占位符对象信息，则在预规划导航器中选中项目名称，右击，在弹出的菜单中选择【更新占位符数据】命令，进行占位符数据更新即可，如图 8-110 所示。

为了可以针对多个结构段模板同时更新宏中的占位符数据，结构段模板导航器扩展了更新占位符数据弹出菜单项。这样可以极大方便对模板的更新，并将更新的模板传递到预规划 PCT 回路和规划对象中，进而通过使用预规划导航器对占位符对象更新，以达到快速修改方案并对整个项目图纸内容进行自动更新的目的，通过结构段模板修正规划对象如图 8-111 所示。

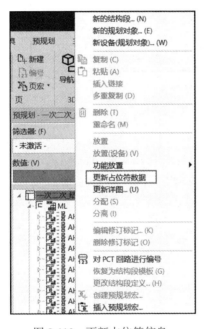

图 8-110　更新占位符信息

图 8-111　通过结构段模板修正规划对象

8.6 报表设计

报表可采用报表模板的方式在项目模板中准备，当一次图、二次图生成完毕后，可通过报表功能将待生成的项目报表一次生成出来，如图 8-112 所示。

报表的自定义、报表模板的创建与准备，可参考本书第 10 章自动报表设计应用，或参考《EPLAN Electric P8 官方教程》及《EPLAN 高效工程精粹官方教程》两本书中的相关章节。

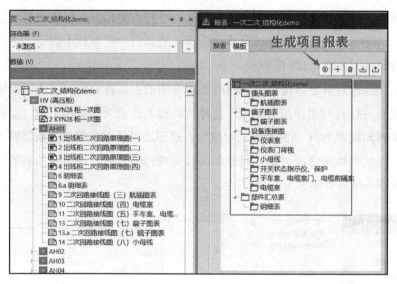

图 8-112　生成项目报表

第 9 章
楼宇自动化设计应用

EPLAN 预规划软件不仅在电气原理设计、仪表设计、工艺 P&ID 设计方面为用户提供更多的解决方案，在楼宇自动化、消防、给水排水设计中也能为用户提供更多的解决方案，使得与楼宇自动化、消防、给水排水相关的工程设计更加便捷和高效。

楼宇自动化设计中包含了很多供配电设计内容以及弱电设计内容，也包含了很多与之配套的过程控制的设计。例如，暖通设计、消防设计、给水排水设计，其中包括了 P&ID 设计、系统图设计、平面布置图设计、因果逻辑表设计、典型安装图设计、材料统计设计等，也包含了很多系统设计，如火气系统设计、视频监控系统设计、广播报警系统设计、电话网络设计、门禁系统设计、照明系统设计、电梯系统设计等。

由于在 EPLAN 的设计系统中，很多的设计内容在软件中的实现方式都极为相似，用户可根据下文中的几种举例自行进行扩展应用。

在楼宇自动化设计中，为了能更好地对空调系统、火灾报警系统进行信号联动设计，EPLAN 预规划软件除了进行 P&ID 设计、回路设计外，还可以帮助用户以自动报表的方式生成功能逻辑表（因果逻辑表），如图 9-1 所示。

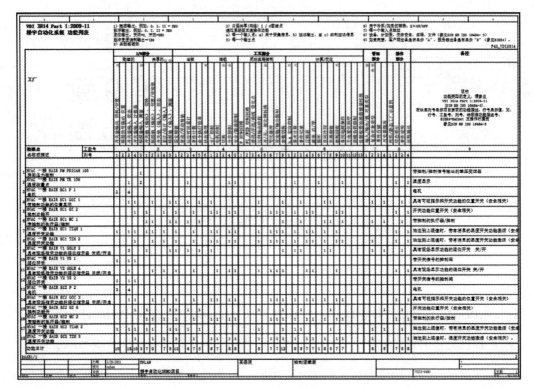

图 9-1　功能逻辑表

9.1　暖通设计（HVAC）

暖通设计中的很多设计内容可以借鉴前几章的介绍，如 PCT 回路的设计方法、管道及仪表流程图（P&ID）的设计方法、仪表设计方法等，在这里也会有所应用。对于重复性比较高的设计内容，本章及以后的章节将简化介绍，只对特有的部分进行详细介绍。

下面将以医院的一幢四层建筑的楼宇自动化设计为例展开介绍，其中包括一套中央空调系统、一套烟气探测消防报警系统、一套视频监控系统、一套广播报警系统。本书对每一个系统中的设备、回路等配置均进行了精简，用户可以根据该设计内容的介绍自行完善全楼宇的设计内容。

回路的显示方式也将遵照并采用系统默认配置的 VDI3814 规范显示样式。用户可自行进行自适应调整以满足自身的设计要求。

9.1.1 暖通 P&ID 设计

例如，图 9-2 是暖通 P&ID 图样例，它包括了新风系统、排风系统、I/O 配置在图纸中的表达。

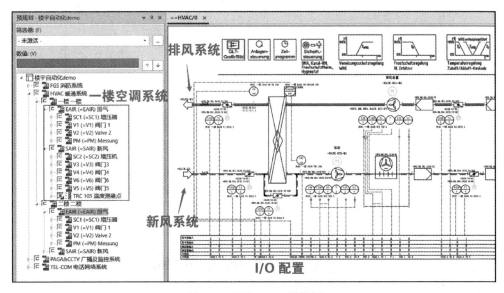

图 9-2 暖通 P&ID 图样例

如图 9-2 所示，将一楼部分区域的新风系统、排风系统、I/O 配置与预规划系统进行数据关联。使用关联后的图纸可以更方便地进行 I/O 数据统计及对系统进行逻辑功能配置。设计的操作性与直观性会更强。

1. 新风系统的 SC2 增压机系统设计介绍

新风系统增压机设计案例如图 9-3 所示，可对该增压机供配电设置、控制和监控需求进行设计，并根据设计与配置的要求，将设计参数、命名等信息直接在图纸中显示。显示样式可在回路符号属性中的【显示】选项卡进行配置。截图中的显示样式已按照 VDI3814 的要求进行显示。

2. 控制逻辑的设计与配置

根据每一个控制回路在 P&ID 设计中的控制要求，将需要配置的回路选中（可多选），通过右击打开【属性（元件）：PCT 回路】对话框，并单击【回路】选项卡，调出需要配置的功能属性，对控制需求进行设置，如图 9-4 所示。

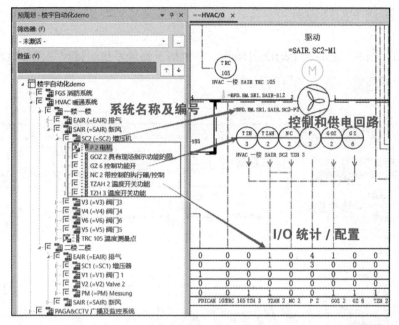

图 9-3　新风系统增压机设计案例

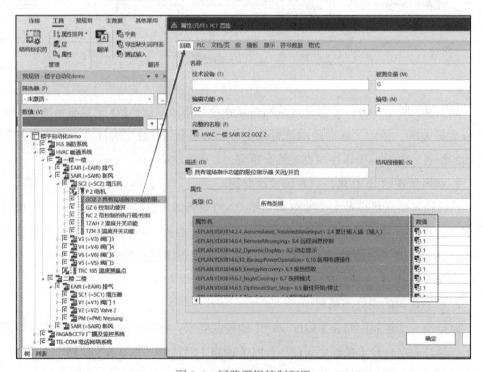

图 9-4　回路逻辑控制配置

3. 生成供配电设计原理图

可将定义好的原理图信息，根据所配置的项目结构、图纸结构，自动生成典型供配电原理图，如图 9-5 所示。该原理图的自动生成配置与设计，可参考第 8.3 节二次图设计的介绍。

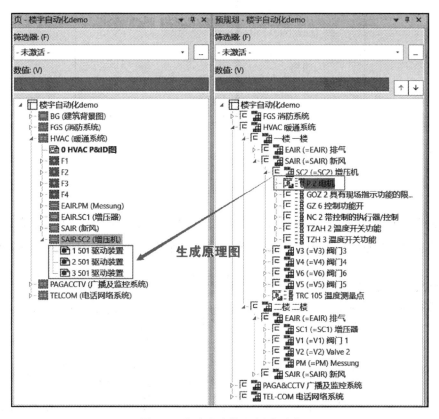

图 9-5　自动生成供配电原理图

9.1.2　风管布置图

风管布置图，可以直接将 DWG 格式的总图平面图或结构图导入 EPLAN 软件中，形成风管设计的背景底图。导入底图的设计方法可参考第 7.8 节电缆布线图设计的介绍。

通过与 EPLAN 部件库关联，对风管的规格进行选择，该规格信息可自动在图纸中显示，并将该段风管的长度自动进行统计。风管布局设计如图 9-6 所示。

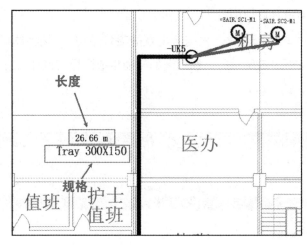

图 9-6 风管布局设计

9.1.3 功能逻辑表（因果逻辑表）

根据第 9.1.1 节暖通 P&ID 设计的介绍，采用【预规划：规划对象总览】报表对控制逻辑需求信息进行批量获取与生成，形成功能逻辑表。控制逻辑表样式如图 9-7 所示。

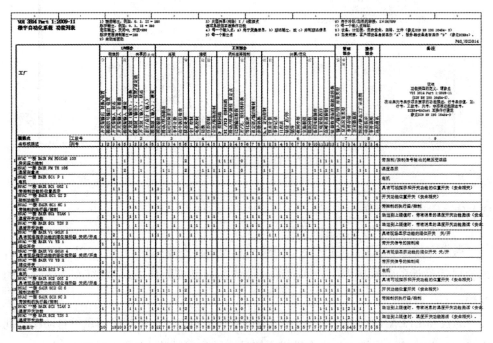

图 9-7 控制逻辑表样式

该报表中的控制逻辑及输出要求均来自 P&ID 设计中的控制逻辑配置。该报表同样可作为火气系统 / 安全仪表系统（SIS）的因果逻辑表进行使用。因果逻辑表的配置方式与方法可参考本章的设计介绍。

该报表中的有些参数在设计时为空，且不需要在报表或图纸中显示，也不需要显示为零。因此，在 2.9 及以上版本中，EPLAN 软件针对该需求做了优化，即在【属性（元件）：PCT 回路】对话框的【显示】选项卡中，在符合标准的显示中不会显示值【0】，现在可使用新的显示属性【零作为空格符】，此外，该显示属性也可用于诸如【格式】选项卡中的占位符文本等文本中。

用户可根据自己的实际设计需要，对显示【0】或不显示【0】进行配置，以达到更适合的输出效果，如图 9-8 所示为【0】显示设置。

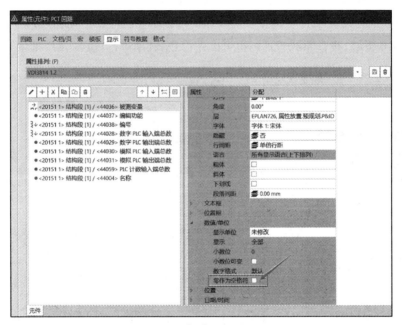

图 9-8　【0】显示设置

9.2　消防报警设计（FGS）

消防报警设计中需要考虑很多设计内容，如烟感探测设计、可燃有毒气体探测设计、火焰探测设计、声光报警设计、喷淋设计、消防报警系统设计、平面布置图设计、因果逻辑表设计等。下面将以烟感探测设计为例，对设计内容在 EPLAN 预规划软件中的规划与管理、系统图设计、平面图设计进行介绍。诸如火焰探测设计、声光报警设计等请用户根据烟感探测设计的方法自行进行完善，因果逻辑表的设计请参见第 9.1.3 节的相关内容，在此不再赘述。

9.2.1 在预规划软件中对设计内容进行规划与管理

在开始设计前，需要在系统中完成以下的准备工作，以便能更好地对数据和图纸进行高效设计与管理，在 EPLAN 中进行设计系统的规划如图 9-9 所示。

1）创建待设计的系统。在此以【FGS 消防系统】为例。

2）创建设计分布区域划分。在此以【F1 一楼】等为例。

3）创建将用到的设备规划信息。在此以【烟感探头】为例。

在设计准备过程中，该设计系统管理树可以手动创建，手动创建设计系统管理树如图 9-10 所示。设计系统管理树也可以先在 Excel 中进行规划，然后批量导入创建。

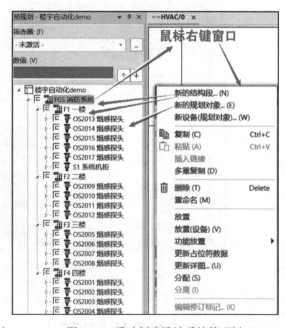

图 9-9　在 EPLAN 中进行设计系统的规划　　　图 9-10　手动创建设计系统管理树

9.2.2 创建系统图

在页导航器中创建一个多线原理图，将系统机柜、烟感探头拖放至原理图中，建立系统方案，并在烟感探头之间补充电缆/电线的设计系统图设计如图9-11所示。

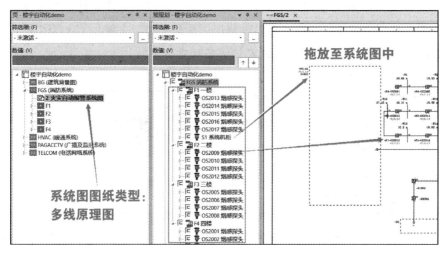

图 9-11　系统图设计

9.2.3　创建平面布局图底图

将带有比例的房间或厂区平面底图导入 EPLAN 预规划软件中，EPLAN 预规划软件将自动识别底图的比例，同时，将【页类型】由【<7>图形（交互式）】修改为【<43>拓扑（交互式）】。底图导入与配置如图9-12所示。

图 9-12　底图导入与配置

建议与技巧：

1）当带原图图框、隐藏图层导入后，EPLAN 预规划软件自动识别的比例会比原比例更大。因此，建议在图纸导入前将原图图框删去，并将所有无关图层信息删去（如隐藏图层的信息、图外远处的错误线条和文字等）。

2）单击菜单栏中的【工具】→【管理】→【层】命令，打开层管理器如图 9-13 所示，在即将采用为布局图的底图图层的属性中勾选【已锁定】【背景】复选框，这样可以避免后续布局设计操作时对底图进行的误操作，如图 9-14 所示。

图 9-13　打开层管理器

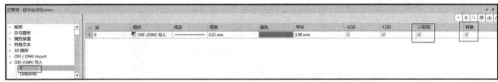

图 9-14　配置背景层

9.2.4　平面布局图设计

打开已准备好的楼层平面图，将预规划导航器中分配的设备依次拖放至图纸相应位置中，并通过拓扑功能绘制出主布线路径（桥架、槽盒等）、跨层中断点等信息。平面布局图设计如图 9-15 所示。

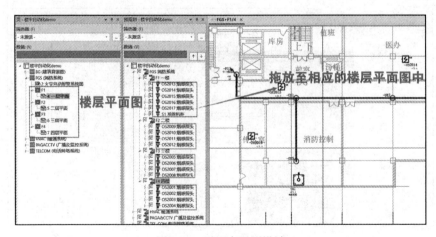

图 9-15　平面布局图设计

当遇到跨层设计时（如一楼的电缆需要连接到二楼或其他楼层/区域的某一个设备时，它的敷设走向是电缆从起点设备进入一楼电缆桥架，通过楼层间电缆井进入二楼电缆桥架，再敷设到终点设备），可通过跨层关联和跨层高度差修正的方式进行设计。此时，就需要在不同楼层的电缆桥架端头采用拓扑中断点，输入跨层高度（单位为 m）。布线图跨层设计如图 9-16~ 图 9-18 所示。

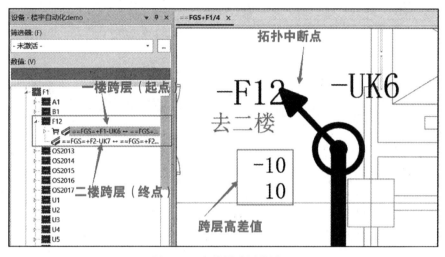

图 9-16　布线图跨层设计 -1

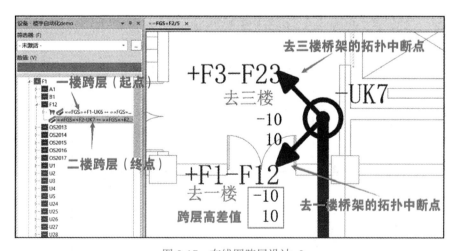

图 9-17　布线图跨层设计 -2

当布局图完成后，选中页导航器中的【FGS（消防系统）】层，并依次单击【连接】→【拓扑】→【布线】命令生成布线信息如图 9-19 所示。

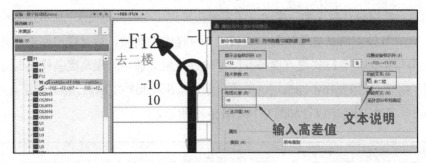

图 9-18 布线图跨层设计 -3

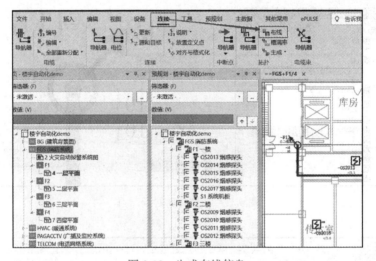

图 9-19 生成布线信息

布局图自动布线效果如图 9-20 所示，布线路径将由棕红色变为品红色。

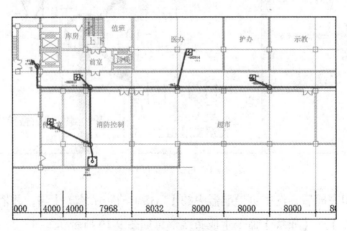

图 9-20 自动布线效果

　　系统图中将自动写入电缆/电线长度信息。系统图自动显示长度信息如图 9-21 所示。

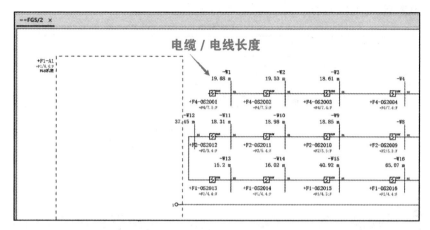

图 9-21　系统图自动显示长度信息

9.2.5　其他相关报表

　　根据系统图和布局图的设计，可通过 EPLAN 的自动报表功能自动统计出电缆敷设清单及材料清单等内容。

　　1）电缆敷设清单如图 9-22 所示。电缆敷设清单可自动统计出电缆代号、起点设备名、终点设备名、电缆型号、长度等信息。用户可根据需要，对电缆敷设清单报表的样式和输出信息自行进行定制。

电缆敷设清单

电缆代号	起点设备名	终点设备名	电缆型号	导线	电缆芯截面积	长度
=FGS-W1	=FGS+F4-0S2001	=FGS+F4-0S2002	ZR-RVS2x1.5		1.5	19.68
=FGS-W2	=FGS+F4-0S2002	=FGS+F4-0S2003	ZR-RVS2x1.5		1.5	19.53
=FGS-W3	=FGS+F4-0S2003	=FGS+F4-0S2004	ZR-RVS2x1.5		1.5	18.61
=FGS-W5	=FGS+F3-0S2005	=FGS+F3-0S2006	ZR-RVS2x1.5		1.5	24.83
=FGS-W6	=FGS+F3-0S2006	=FGS+F3-0S2007	ZR-RVS2x1.5		1.5	23.53
=FGS-W7	=FGS+F3-0S2007	=FGS+F3-0S2008	ZR-RVS2x1.5		1.5	18.6
=FGS-W9	=FGS+F2-0S2009	=FGS+F2-0S2010	ZR-RVS2x1.5		1.5	18.85
=FGS-W10	=FGS+F2-0S2010	=FGS+F2-0S2011	ZR-RVS2x1.5		1.5	18.98
=FGS-W11	=FGS+F2-0S2011	=FGS+F2-0S2012	ZR-RVS2x1.5		1.5	18.31
=FGS-W12	=FGS+F1-0S2013	=FGS+F2-0S2012	ZR-RVS2x1.5		1.5	37.45
=FGS-W13	=FGS+F1-0S2013	=FGS+F1-0S2014	ZR-RVS2x1.5		1.5	15.2
=FGS-W14	=FGS+F1-0S2014	=FGS+F1-0S2015	ZR-RVS2x1.5		1.5	16.02
=FGS-W15	=FGS+F1-0S2015	=FGS+F1-0S2016	ZR-RVS2x1.5		1.5	40.92
=FGS-W16	=FGS+F1-0S2016	=FGS+F1-0S2017	ZR-RVS2x1.5		1.5	65.07
=FGS-W17	=FGS+F1-A1	=FGS+F1-0S2017	ZR-RVS2x1.5		1.5	65.07

图 9-22　电缆敷设清单

2）材料清单如图 9-23 所示。根据系统图、布局图的设计及选型，材料清单可以将设备、安装材料、电缆、桥架等用量自动进行汇总输出。同样，用户可根据需要，对材料清单报表的样式和输出信息自行进行定制。

材料清单

订货编号	数量	名称	类型号	供应商
	420.05 m	耐火双绞软电缆	ZR-RVS2x1.5	
	17	光电感烟探测器	OP720	
	250.16 m	电缆桥架	Tray 300X150	
	33.69 m	镀锌钢管	KDG DN25	
	1	水平上下直通	TCONN 300X150	
	1	水平下直通	ELBD 300X150	

图 9-23　材料清单

9.3　视频监控设计（CCTV）及广播报警系统设计（PAGA）

视频监视系统及广播报警系统的系统图和布置图的设计，可参考第 9.2 节消防报警设计（FGS）中的系统图设计和布置图设计。

弱电工程的设计需要用户预先根据设计需要建立与本行业、本企业设计惯例相关的设计基础，如创建适合的设计符号库和部件库等。其中，符号库应包含两个主要的设计需求，即原理图符号库（用于设计系统图等内容）和布局图符号库（用于设计设备布局图等内容）。电信设计符号库样式如图 9-24 所示。

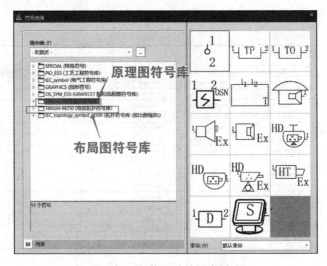

图 9-24　电信设计符号库样式

　　布局图符号库有时会有不同比例的要求，如 1:50、1:150、1:250 等，用户可根据实际情况，对已有的布局图符号库直接进行等比例缩放处理，新增新比例布局图符号库如图 9-25 所示。

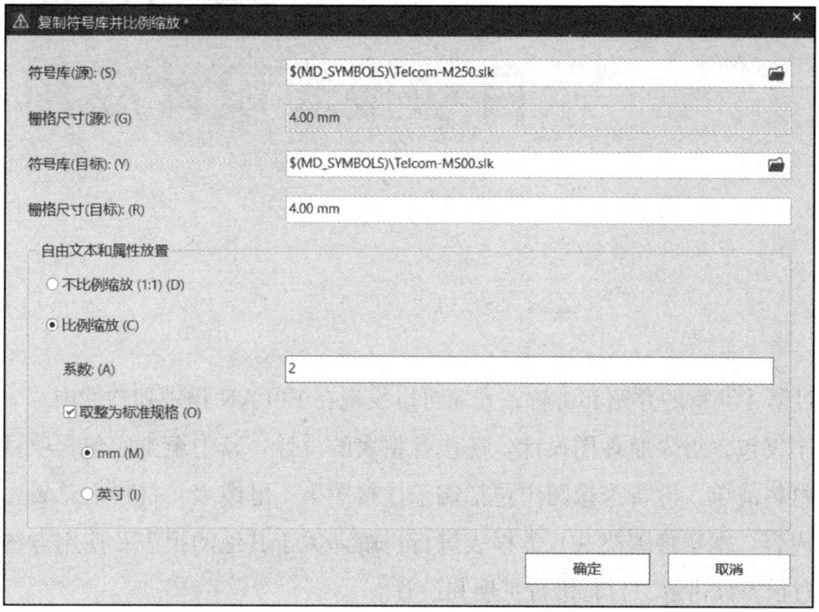

图 9-25　新增新比例布局图符号库

　　在准备与完善符号库的过程中，需要对符号在图纸中显示的样式（如图形大小、文字标注的尺寸等）进行预设置。只有确认了每一个符号将要在图纸中的显示样式，方可进行设计。这样的设计前检查会为之后的设计工作带来诸多便利，尤其是设计的关注点将着眼于设计本身，而不是设计基础，这会让设计更加流畅。

　　对于新建以及修改的布局图符号，应确保其功能定义与原理图符号库中相应的符号保持一致。这样的功能定义一致性可在设计过程中有效地被 EPLAN 预规划软件所识别，当用户在不同图纸类型之间调取符号时，可自动进行关联。

第 10 章
自动报表设计应用

通过第 4~9 章的介绍和讲解，大家可以发现在 EPLAN 预规划软件中，一个完整的项目不仅包含报表原理图设计，还包含报表的设计，其中至少应包含项目封页、目录、材料清单、设备连接图（包括端子连接图）、电缆表、材料汇总表、仪表索引表等内容。本章将围绕这几类报表进行讲解。关于其他的报表及使用方法，用户均可通过借鉴该讲解，自行进行扩展和设置。

报表的设计主要分为三个部分：

1）自定义表格。

2）项目结构化报表。

3）定义报表模板并自动生成项目报表。

10.1 自定义表格

结合 EPLAN 预规划软件的特点，对待使用的报表进行表格设置。本书将会使用如下的相关表格 / 报表术语：

报表：已生成完毕并显示在项目中的实际报表。

表格：包含属性输出的设置规则，并嵌套在报表中的格式。

表格属性：定义表格时，可对表格输出要求进行定义的表格页属性。

嵌入式报表：可在交互式页面中嵌入的报表类型，如在原理图中嵌入的设备连接报表、材料汇总表等。

静态报表：表格处理的一种形式。表格的框架是固定的，即表格的全页样式已绘制完毕，只有要输出的属性才是按数据量输出的。若报表采用静态报表输出，则像在"填格子"。

动态报表：表格处理的另一种形式，与静态报表相对应。表格除了表头框架是固定的外，表格本体将随输出的属性逐行或逐列输出。若报表采用动态报表输出，则像在"边画格子边填信息"，用多少行或列，就画多少行或列，表格的行列数和信息行列数刚刚好，不多也不少。

10.1.1　项目封页

在进行项目封页输出时，可以先假定一个条件，如采用特定的图框。在这里，项目封页需要使用独立的图框，并且看上去该项目封页没有图框。

其实，不论是随项目图框或不随项目图框，还是没有图框，在 EPLAN 预规划软件中实际是一件事——采用特定图框。注意，【没有图框】也是图框。

首先，对于需要特殊处理的图框，应在图框定义阶段为封页准备一个专用的图框。假设准备的是【没有图框】的图框：依次单击【工具】→【主数据】→【图框】→【打开】命令，将 EPLAN 预规划软件自带的 FN1_001.fn1 文件作为新图框的创建基础文件，如图 10-1 所示。

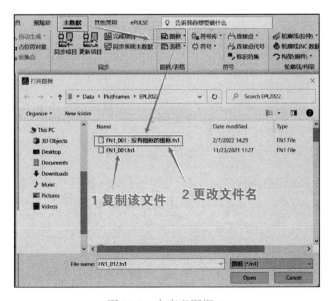

图 10-1　自定义图框 -1

选中文件【FN1_001 - 没有图框的图框 .fn1】，单击【Open】按钮，出现如图 10-2 所示的界面。

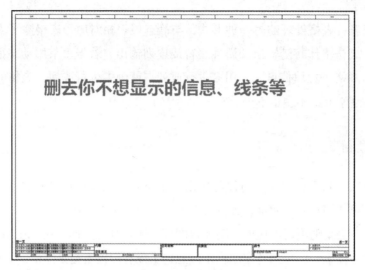

图 10-2　自定义图框 -2

假设为了装订需要，只留下 A3 的外框，关闭图框编辑界面，如图 10-3 所示。

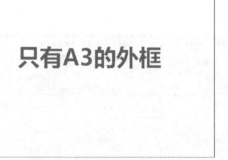

图 10-3　自定义图框 -3

接下来，进行封页报表内容的定制：依次单击【工具】→【主数据】→【表格】→【打开】命令，在弹出的【打开表格】对话框中选择【标题页 / 封页（*.f26）】，将 EPLAN 预规划软件自带的报表作为本次创建新报表的基础文档，如图 10-4 所示。

选中【F26_001- 公司项目封页 .f26】表格文件，单击【Open】按钮。在页导航器中，找到打开的表格，右击，在弹出的菜单中选择【属性】命令，如图 10-5 所示。

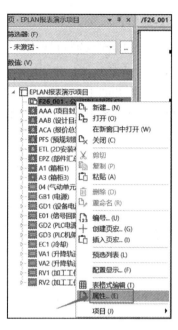

图 10-4　自定义封页 -1　　　　　　　　图 10-5　自定义封页 -2

在弹出的【表格属性 -F26_001- 公司项目封页】对话框中，按照如图 10-6 所示的顺序依次加载相应的属性，并正确配置属性，完成后单击【确定】按钮，关闭该属性配置页。

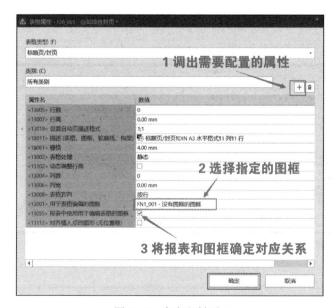

图 10-6　自定义封页 -3

　　配置完表格属性后，接下来需要在表格编辑区域中对表格的内容及格式进行设置，即进行属性占位符放置和格式定义，单击【插入】→【文本】→【项目属性】命令，如图 10-7 所示。

　　在打开的【属性（特殊文本）：项目属性】对话框中，依次确认要输出的属性以及该属性输出时的字体、字高的等格式信息，如图 10-8 所示。

图 10-7　自定义封页 -4

图 10-8　自定义封页 -5

　　按照封页设计信息输出的要求，将配置的项目属性、页属性、表格属性等，依次布局在表格编辑页面中，如图 10-9 所示。

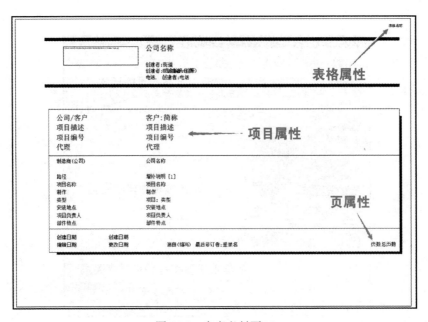

图 10-9　自定义封页 -6

完成封页表格的布局设计后，关闭该表格编辑窗口，可通过右击，在弹出的菜单中选择【关闭】命令或在编辑区中直接单击【×】按钮均可，如图 10-10 所示。

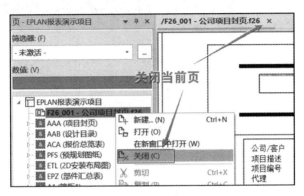

图 10-10 自定义封页 -7

小技巧：

1）采用软件提供的表格模板进行表格定制，将会使工作事半功倍。

2）自定义图框的使用，可以极大地满足需要特殊定义的页的显示效果，如项目的封页 / 首页。

10.1.2 项目目录

同样，按照封页设计的方式，首先确定目录是否采用指定的或专用的图框进行设计与输出。在表格属性中选择好图框模板后，接下来可以选择该表格的处理方式：选择静态报表或动态报表。

本书采用了静态报表的表格处理方式，需要用户事先将表格的格式用线条绘制出来，并将绘制的行高参数录入表格属性的【行高】属性中。

该报表将按照从上到下、以行输出的方式输出设计内容，因此，选择【表格方向】为【按行】。根据行高、输出高度，计算该页应输出的最大行数，填入【行数】属性中，如图 10-11 所示。

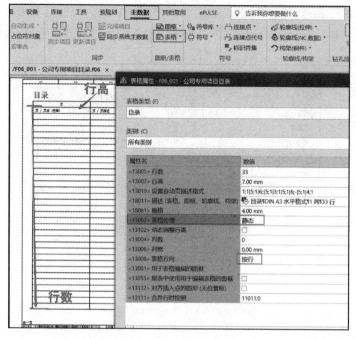

图 10-11　自定义目录 -1

> 💡 **小技巧**：
>
> 1）若【行高】值为负数，则意味着该报表将从下向上输出，使用者需要将所有的属性放置在报表底部相应的格式中。
>
> 2）如果报表需要从左向右输出，应选择【表格方向】为【按列】，并设置【列宽】值为正数。若【列宽】值为负数，则意味着该报表将从右向左输出。
>
> 3）巧妙地使用【行高】【行数】【列宽】【列数】，可以输出对称的左右表格或上下表格。
>
> 4）【合并行时按照】属性，可以让输出的报表采用合并效果，如图10-12所示。

图 10-12　自定义目录 -2

10.1.3　材料清单

材料清单通常分为两种：一种是用于施工安装时对应设备编号的材料清单，另一种是用于采购的汇总材料清单。本书将对后一种报表即用于采购的汇总材料清单进行介绍。这里采用的表格类型为部件汇总表。

如图 10-4 所示，在 EPLAN 预规划软件界面中依次单击【工具】→【主数据】→【表格】→【打开】命令，选择【表格类型】为【部件汇总表（*.f02）】，采用软件自带的部件汇总表 F02_001.f02，复制该表格，并重新命名为【F02_项目材料统计表 .f02】的部件汇总表。

假设该报表采用项目的 A3 图框，并且该报表采用项目统一图框，则【用于表格编辑的图框】属性置为空；同时，假设报表按照对称的左右两列方式输出，则确认每一列属性的宽度，以及将要输出的列数。例如，在本示例中，报表左侧的列宽为 198mm（该列宽从图框边距测量到表格的右侧，如图 10-13 所示的测量线），将【列宽】设置为【200.00mm】，且需要在右侧再输出对称的一列，将【列数】设置为【2】。将表格属性按如图 10-13 所示方式进行配置。

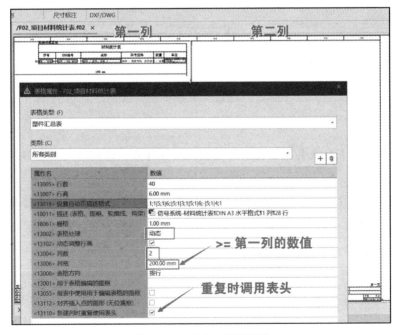

图 10-13　自定义材料清单

按照以上设置将表格属性配置完毕，并且对表格中的占位符文本也设置完毕后，可通过报表生成功能，进行报表生成效果测试。此时自定义材料清单输出效果如图10-14 所示。

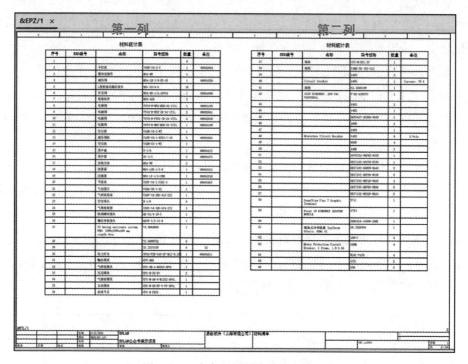

图 10-14　自定义材料清单输出效果

 小技巧：

　　1）完成报表格式的定位及行列输出定位设计后，需删除设置表格时的测量线和辅助线。

　　2）若采用多列显示的表格，需勾选【表格属性】对话框中的【新建列时重复使用表头】复选框，生成的多列报表内容将会自动输出报表的表头，如在本示例中右侧的属性列将自动输出报表的表头。

10.1.4　设备连接图

　　采用 EPLAN 预规划软件最大的便利就是在完成原理图设计后，可以将设备的连接图、端子连接图、电缆连接图等图纸按照自动报表的方式生成出来，这将极大地方便用户进行接线图的设计与管理，同时可以将接线图与原理图以程序逻辑进行关联，即当原理图修改后，接线图可通过报表更新操作将内容更新。

在 EPLAN Electric P8 和 EPLAN 预规划软件中，集成了很多标准的国际电工委员会（IEC）和中国国家标准（GB）的报表表格样式，用户可以根据已有的表格样式修改成符合自身交付习惯的表格样式。

如图 10-15 所示，当前的设备自定义连接图是将一个设备的连接方案输出到一张图纸中。对于一些设计单位及设备制造单位来说，更习惯将多个设备的连接图显示在一张图纸上。基于这样的要求，需要用户对表格属性做相应的修改，可按如图 10-16 所示进行设置与调整。在菜单栏中依次单击【工具】→【主数据】→【表格】→【打开】命令，在【打开表格】对话框中，备份一个 F05_001.f05 表格，并将其命名为【F05_项目专用设备连接图 .f05】，并单击【Open】按钮。

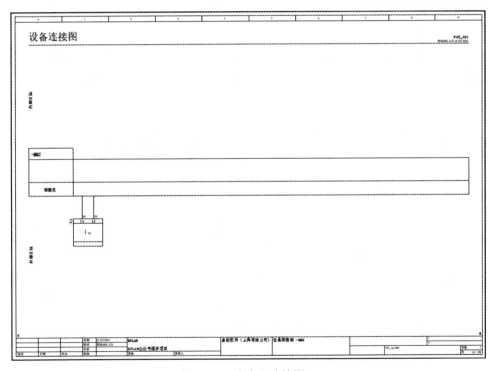

图 10-15　自定义连接图 -1

按照以下步骤和设计方法进行表格内容和格式的定制，也包括对表格属性中行与列信息的设置。

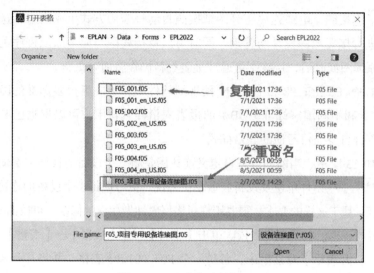

图 10-16　自定义连接图 -2

需要注意的是，动态报表的【数据区域】和【表头】范围内的图形、属性，应都被包裹在【数据区域】和【表头】的边框范围内，如图 10-17 所示，即图形、占位符文本框应当在【数据区域】和【表头】的边框范围内，至于占位符文本的属性说明文字，可不在甚至超出【数据区域】和【表头】边框范围，如图 10-18 所示。

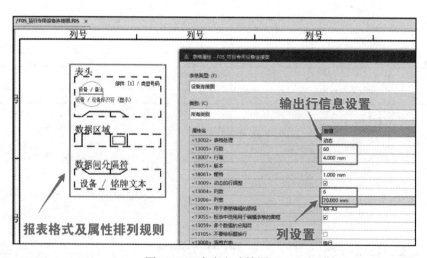

图 10-17　自定义连接图 -3

当完成表格设计与表格属性设置后，可采用该表格生成报表进行查看。

报表将按照行的方式输出，输出方式为从左向右，每列设备最多可输出 60 个连接点的信息；每行排 6 个设备，即输出为 6 列，如图 10-19 所示。

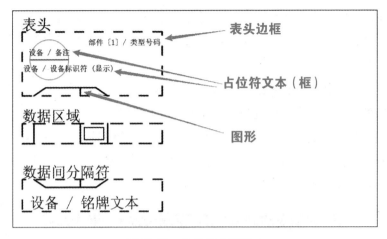

图 10-18 自定义连接图 -4

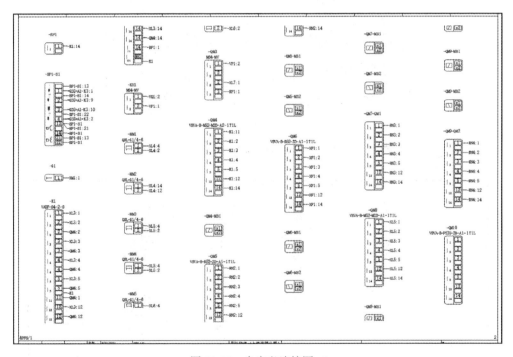

图 10-19 自定义连接图 -5

按照报表输出的默认设置要求，可以将设备连接信息完整地输出到报表中。

但这样的报表还有些瑕疵，需要进一步进行修正。例如，有些连接点稍多一些的元器件，其连接图是跨列甚至跨页显示的，在报表中的体现则是一个元器件在视觉上"被断开"了。因此需要做以下设置，才可以将"被断开"的元器件在报表中尽量显示完整。在菜单栏中依次单击【工具】→【报表】→【生成】命令，单击【设置】下拉菜单按钮，选择【输出为页】命令，如图 10-20 所示。

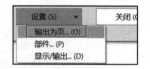

图 10-20　自定义连接图 -6

在【设置：输出为页】对话框中，将【设备连接图】的【报表行的最小数量】值设置为大于或等于最大元器件的连接点数量，此处设置为【50】（见图 10-21）。该值的意义是对输出的报表内容提出要求，即连接图中只有超过 50 个连接点的元器件，其连接图才可以跨列或跨页，否则，均要将元器件及连接信息完整地显示出来。

	报表类型	表格	页分类	部分输出	合并	报表行的最小数量	子页面
1	部件列表	F01_001	总计				☑
2	部件汇总表	F02_001	总计				☑
3	设备列表	F03_001	总计				☑
4	表格文档	F04_001	总计				☑
5	设备连接图	F05_001	总计		☑	50	☐
6	目录	F06_001	总计				☑
7	电缆连接图	F07_001	总计		☐	1	☑
8	电缆布线图		总计				☑
9	电缆图表	F09_001	总计		☐	1	☑
10	电缆总缆	F10_001	总计				☑

图 10-21　自定义连接图 -7

经过设置后，自定义连接图效果如图 10-22 所示。

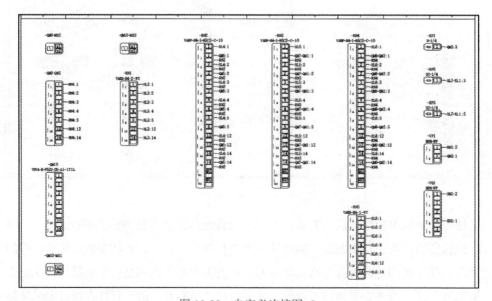

图 10-22　自定义连接图 -8

此时，所有元器件的显示均是完整的，不再有"被断开"的连接图了。

 小技巧：

1）报表格式及属性规则的选取，可以先对照 F05_001 表格生成的报表内容，将 F05_001 报表中未来会用到的属性挑选出来，然后把不需要的属性都删掉；对接下来要使用的属性进行重新布局，再对表格属性进行调整。

2）在表格设计调整中，可以通过不断地生成报表来检查数据的位置及正确性，这个报表也经过了五六次反复调整才成形。

3）【报表行的最小数量】值是完整输出每一个元器件连接图的关键设置。

4）在菜单栏中依次单击【工具】→【报表】→【生成】→【设置】→【输出为页】命令，在【设置：输出为页】对话框中可对【表格】列内容进行指定。该处对应的表格是系统将默认采用的表格，即生成报表时若不选表格，则将按照这里设置的表格进行格式套用和输出，如图 10-23 所示。

	报表类型	表格	页分类	部分输出	合并	报表行的
1	部件列表	F01_001	总计			
2	部件汇总表	F02_001	总计			
3	设备列表	F03_001	总计			
4	表格文档	F04_001	总计			
5	设备连接图	F05_001	总计		☑	50
6	目录	F06_001	总计			
7	电缆连接图	F07_001	总计		☐	1
8	电缆布线图		总计			
9	电缆图表	F09_001	总计		☐	1
10	电缆总览	F10_001	总计			

默认表格设置

图 10-23　自定义连接图 -9

10.1.5　电缆表（Excel 输出）

为了能给用户提供更方便的设计交付，EPLAN 预规划软件提供了将数据导出到 MS Excel 的功能。本书以导出电缆表（施工单位放线使用）为例进行介绍。用户可根据实际交付的要求进行扩展使用，如仪表索引表、I/O 清单、设备表、材料表、端子表等。

首先，创建一个符合交付要求的 Excel 格式的模板。例如，表头包含项目编号和项目名称，表体包含序号、电缆号、电缆型号、源设备编号、目标设备编号、电缆长度。为每一个标签信息下方键入标签变量：表头为【#H#】，表体为【###】，如图 10-24 所示。

项目编号:	#H#				
项目名称:	#H#	表头			
序号	电缆号	电缆型号	源设备编号	目标设备编号	电缆长度
###	###	###	###	###	###
		表体			

图 10-24　自定义 Excel 标签报表 -1

保存并关闭该模板，然后单击工具栏中的【文件】→【导出】→【制造数据】→【标签】，如图 10-25 所示。

图 10-25　自定义 Excel 标签报表 -2

在【导出制造数据 / 输出标签】对话框中单击【设置】右侧的【…】按钮，在弹出的【设置：制造数据导出 / 标签】对话框中单击【+】按钮，创建一个标签导出方案，采用【电缆总览】类型，如图 10-26 所示。

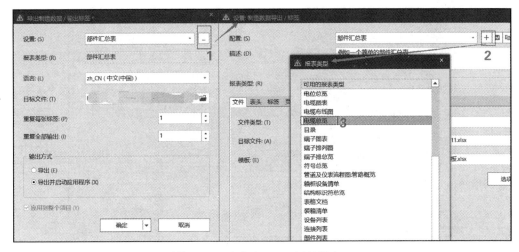

图 10-26 自定义 Excel 标签报表 -3

在【新配置】对话框中将【名称】设置为【电缆表】，单击【确定】按钮，如图 10-27 所示。

图 10-27 自定义 Excel 标签报表 -4

依次配置以下标签类型的选项卡：

1）【文件】选项卡。将文件类型定义为 MS Excel 格式，并依次配置模板、输出位置及文件名，如图 10-28 所示。

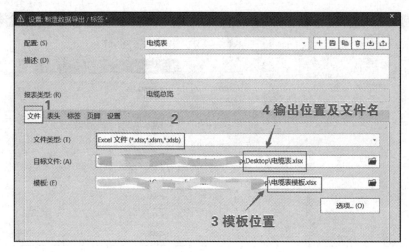

图 10-28　自定义 Excel 标签报表 -5

2）【表头】选项卡。按照生成数据的要求，依次调取项目编号和项目描述，如图 10-29 所示。

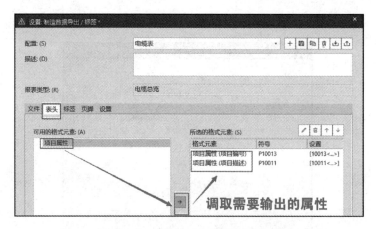

图 10-29　自定义 Excel 标签报表 -6

3）【标签】选项卡。依次将【数据集】的【连续数字】、【电缆】的【设备标识符】和【长度】、【电缆部件】的【类型号码】、【设备（来源）】的【设备标识符】、【设备（目标）】的【设备标识符】分别选进右侧【所选的格式元素】列表框中，以满足序号、电缆号、电缆型号、源设备编号、目标设备编号、电缆长度等标签变量，如图 10-30 所示。

单击【确定】按钮，在【导出制造数据 / 输出标签】对话框中选择【导出并启动应用程序】单选按钮，如图 10-31 所示。

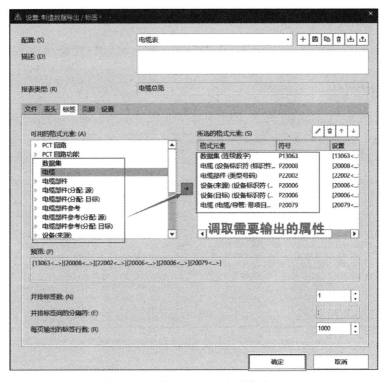

图 10-30 自定义 Excel 标签报表 -7

图 10-31 自定义 Excel 标签报表 -8

等待系统输出完毕后，将自动打开该 Excel 文件，自定义 Excel 标签报表效果如图 10-32 所示。

	A	B	C	D	E	F
	项目编号：	EPC2022-01				
	项目名称：	总包工程示例项目				
	序号	电缆号	电缆型号	源设备编号	目标设备编号	电缆长度
1	1	W(-JBD001-X1/-HS1258AR1)	HOFR 1PR	=IN+Loop-JBD001-X1	=IN+Loop-HS1258AR1	24.651 m
2	2	W(-JBD001-X1/-HS1258AS1)	HOFR 1PR	=IN+Loop-JBD001-X1	=IN+Loop-HS1258AS1	24.651 m
3	3	W(-JBD001-X1/-PLCDI001)	HOFR 10PR	=IN+Loop-JBD001-X1	=IN+Loop-PLCDI001	76.538 m
4	4	W(-JBD002-X1/-HS1260A1)	HOFR 1PR	=IN+Loop-JBD002-X1	=IN+Loop-HS1260A1	60.643 m
5	5	W(-JBD002-X1/-HS1265A1)	HOFR 1PR	=IN+Loop-JBD002-X1	=IN+Loop-HS1265A1	60.643 m
6	6	W(-JBD002-X1/-KS1245A-1A1)	HOFR 1PR	=IN+Loop-JBD002-X1	=IN+Loop-KS1245A-1A1	103.686 m
7	7	W(-JBD002-X1/-KS1245A-1B1)	HOFR 1PR	=IN+Loop-JBD002-X1	=IN+Loop-KS1245A-1B1	103.686 m
8	8	W(-JBD002-X1/-PLCDI001)	HOFR 10PR	=IN+Loop-JBD002-X1 =IN	=IN+Loop-PLCDI001	87.879 m
9	9	W(-JBD002-X1/-PLCDO001)	HOFR 5PR	=IN+Loop-JBD002-X1	=IN+Loop-PLCDO001	87.879 m
10	10	W(-JBD003-X1/-PLCDO001)	HOFR 2PR	=IN+Loop-JBD003-X1	=IN+Loop-PLCDO001	60.379 m
11	11	W(-JBD003-X1/-ZA1258A1)	HOFR 1PR	=IN+Loop-JBD003-X1	=IN+Loop-ZA1258A1	112.156 m
12	12	W(-JBD003-X1/-ZSO1600)	HOFR 1PR	=IN+Loop-JBD003-X1	=IN+Loop-ZSO1600	112.156 m
13	13	W(-JBDM001-X1/-HS1257A1)	HOFR 1PR	=IN+Loop-JBDM001-X1	=IN+Loop-HS1257A1	103.686 m
14	14	W(-JBDM001-X1/-HS1259AS1)	HOFR 1PR	=IN+Loop-JBDM001-X1	=IN+Loop-HS1259AS1	92.345 m
15	15	W(-JBDM001-X1/-HS1259ASS1)	HOFR 1PR	=IN+Loop-JBDM001-X1	=IN+Loop-HS1259ASS1	92.345 m
16	16	W(-JBDM001-X1/-HS1259AT1)	HOFR 1PR	=IN+Loop-JBDM001-X1	=IN+Loop-HS1259AT1	92.345 m
17	17	W(-JBDM001-X1/-PLCDI001)	HOFR 10PR	=IN+Loop-JBDM001-X1	=IN+Loop-PLCDI001	95.865 m

图 10-32　自定义 Excel 标签报表效果

> 💡 **小技巧：**
>
> 1）若输出后需要调整列宽或字体等信息，可以在模板准备的过程中设置好这些信息，待通过标签功能输出后则无须再调整。
>
> 2）若有标准的文件输出样式，可直接在该样式文件中定义表头、表体，形成输出模板，项目可直接套用。
>
> 3）该报表同样适用于需要输出电缆表、仪表索引表、I/O 清单、材料表、铭牌标签、线号管表等依据图纸设计内容需要整理成 Excel 文档的报表。

10.2　项目结构化报表

为了能使项目的图纸更加结构化，需要用到《工厂、系统和设备用文件的分类与代号》（IEC 61355）进行图纸文档结构分类。文档结构编号的规则是以【&】开头，至少三位字母代表文档的归类信息，如图 10-33 所示。

通过进一步查表，确认每一个文档在 IEC 中的规范编号，如图 10-34 所示。

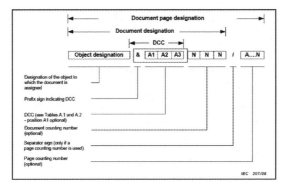

图 10-33　项目结构化 -1

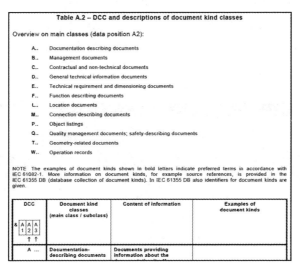

图 10-34　项目结构化 -2

通过查表，设计时用到的文档将归入相应的文档编号中，见表 10-1。

表 10-1　文档编号对应表

序　　号	编　　号	名　　称
1	ACA	报价总览表
2	AAA	项目封页
3	AAB	设计目录
4	EPA	材料清单
5	ETL	2D 安装布局图
6	PFS	预规划图纸
7	EFS	电气原理图
8	MFS	气动原理图
9	EMB1	设备连接图
10	EMB2	端子连接图

将这些信息依次录入 EPLAN 预规划软件系统中，依次单击【工具】→【管理】→【结构标识符】命令，如图 10-35 所示。

图 10-35 项目结构化 -3

在弹出的【结构标识符管理 -EPLAN 报表演示项目】对话框中的左侧选择【&文档类型】分类，在右侧选择【列表】选项卡，并在表格中输入信息，如图 10-36 所示。

在页导航器中为报价总览表、预规划图纸、2D 安装布局图等分配相应的文档类型，显示效果如图 10-37 所示。

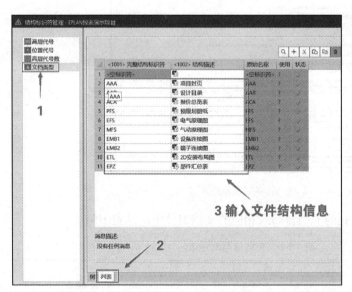

图 10-36 项目结构化 -4　　　　　　　　图 10-37 项目结构化 -5

在报表模板中完成对自动报表的文档结构标识定义，具体操作详见第 10.3 节。

10.3 定义报表模板并自动生成项目报表

为了能更高效地生成报表，并规划报表的输出位置，可以在报表模板中进行相应的定义。依次单击【工具】→【报表】→【生成】命令，在弹出的【报表 -EPLAN 报表演示项目】对话框中选择【模板】选项卡。

下面以项目封页和设备连接图为例进行介绍。

1）创建一个项目封页，选择【标题页 / 封页】下的【项目封页】，单击【+】按钮，并依次录入【名称】【报表块的起始页】【手动页描述】和【表格】项，如图 10-38 所示。

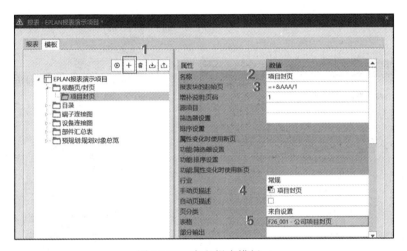

图 10-38　定义报表模板 -1

此时，并不生成任何报表，只是配置完成了报表输出的模板和设置。

2）对照项目封页的设置，完成设备连接图的基本设置，如图 10-39 所示。

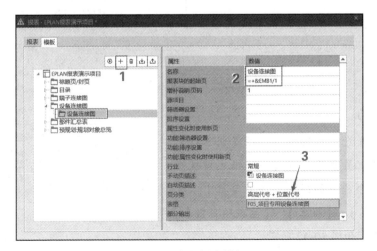

图 10-39　定义报表模板 -2

3）将该报表按照高层代号和位置代号结构进行输出。当项目的高层代号和位置代号很多时，这样的设置可以省去用户手动依次在每一个项目结构下创建报表的过程。

按照1）、2）的配置，可依次完成对报价总览表、设计目录、材料清单、端子连接图的设置。

全部设置完毕后，选中项目名称，单击生成按钮【 ⊙ 】，如图 10-40 所示。

通过报表模板为每个箱柜生成了设计目录，如图 10-41 所示。

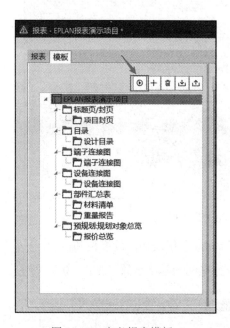

图 10-40　定义报表模板 -3

图 10-41　通过报表模板生成设计目录

小技巧：

当配置好报表模板后，可以在不打开报表输出配置界面时也能通过报表模板直接生成整个项目的报表，在菜单栏中依次单击【工具】→【报表】→【生成项目报表】命令即可，如图 10-42 所示。

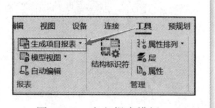

图 10-42　定义报表模板 -4

第 11 章
创建 MSSQL 部件库服务器

根据企业的设计数据统一化、标准化的要求，用户需要将部件库统一在一起，并在设计中共同使用同一个部件库。此时，用户需要在局域网环境中准备一台部件库数据服务器，用于建立 MSSQL 数据库和存放设计信息。对于安装和部署 MSSQL 的服务器，以下为推荐的安装环境：

1）Microsoft Windows Server 2016（64 bit）。

2）Microsoft Windows Server 2019（64 bit）。

Windows SQL Server（64 bit）：

1）SQL Server 2019 CU10。

2）SQL Server 2017 CU24。

3）SQL Server 2016 SP2 CU17。

本章将以 SQL Server 2019 CU10 Express 版本为例进行安装和部署。用户可根据实际情况选择适合的服务器软件版本。MSSQL 软件的安装包可到微软的官方网站下载。

11.1 安装 MSSQL 数据库

在本书介绍中，下载的是 Express 版本的 SQL 服务器安装程序：SQLEXPRADV_x64_CHS.exe，双击该程序文件，弹出【为提取的文件选择目录】对话框，如图 11-1 所示。

图 11-1　安装 MSSQL 服务器 -1

单击【确定】按钮，软件的安装包将释放到当前显示的文件夹中。当安装包解压完毕后，系统将会弹出【SQL Server 安装中心】对话框，如图 11-2 所示。

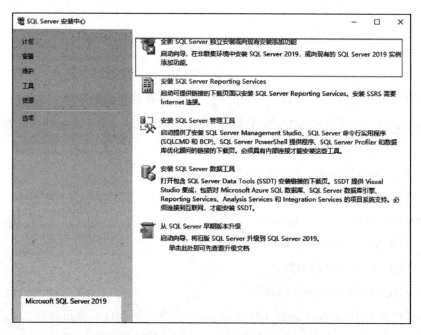

图 11-2　安装 MSSQL 服务器 -2

单击选择【全新 SQLServer 独立安装或向现有安装添加功能】选项，弹出如图 11-3 所示的【许可条款】对话框，勾选【我接受许可条款和隐私声明】复选框，单击【下一步】按钮。

在弹出如图 11-4 所示的【Microsoft 更新】对话框中，若操作系统可连接互联网，则勾选【使用 Microsoft 更新检查更新（推荐）】复选框，并单击【下一步】按钮；若无法连接互联网，则直接单击【下一步】按钮。本书以连接互联网为例进行安装部署介绍。

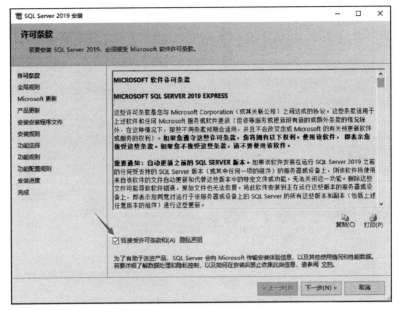

图 11-3　安装 MSSQL 服务器 -3

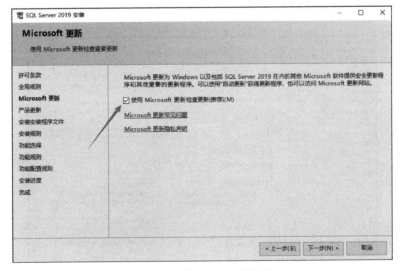

图 11-4　安装 MSSQL 服务器 -4

安装程序将对安装环境进行扫描，以便确认安装部署环境是否符合安装要求。稍等片刻后，将弹出如图 11-5 所示的【安装规则】对话框，其中，【Windows 防火墙】一项定义为【警告】，意味着当前操作系统中有针对防火墙部署的规则，建议用户进入防火墙高级配置中进行查看，是否 TCP 1433 端口已经开放，若没有开放

TCP 1433 端口，则手动配置该端口的开启。开启 TCP 1433 端口的操作，参考第 11.2
节配置部署环境的介绍。单击【下一步】按钮，进入下一个安装确认环节。

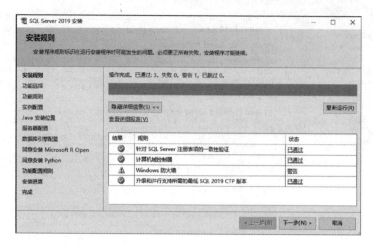

图 11-5　安装 MSSQL 服务器 -5

在弹出的如图 11-6 所示的【功能选择】对话框中，若用户无特别要求，则方框
范围内的功能可不勾选。

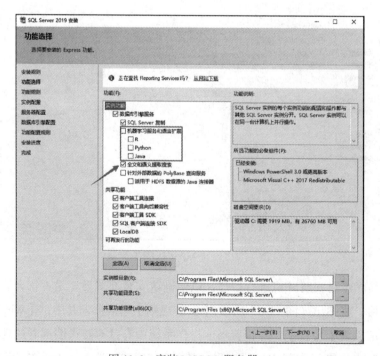

图 11-6　安装 MSSQL 服务器 -6

勾选【全文和语义提取搜索】复选框,【实例根目录】【共享功能目录】【共享功能目录（x86）】的设置,用户可根据服务器硬盘空间进行修改和调整,本书默认安装在 C 盘。然后单击【下一步】按钮。

在弹出的如图 11-7 所示的【实例配置】对话框中,选中【命名实例】单选按钮,并录入实例名称,此处输入的实例名为【EPL】,用户可根据企业的管理要求对实例进行自定义命名。命名建议采用英文或英文加数字的形式,不建议采用特殊符号或中文作为实例名称。然后单击【下一步】按钮。

图 11-7　安装 MSSQL 服务器 -7

在弹出的如图 11-8 所示的【服务器配置】对话框中,将【SQL Server Browser】的【启动类型】由【禁用】修改为【自动】,然后单击【下一步】按钮。

在弹出的如图 11-9 所示的【数据库引擎配置】对话框中,选中【混合模式（SQL Server 身份验证和 Windows 身份验证）】单选按钮,并为该数据库的高级管理员创建管理员密码。然后单击【下一步】按钮。

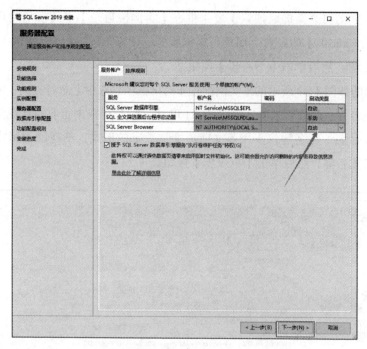

图 11-8　安装 MSSQL 服务器 -8

图 11-9　安装 MSSQL 服务器 -9

当安装结束，并弹出如图 11-10 所示的【完成】对话框时，表示安装已完成，单击【关闭】按钮即可。

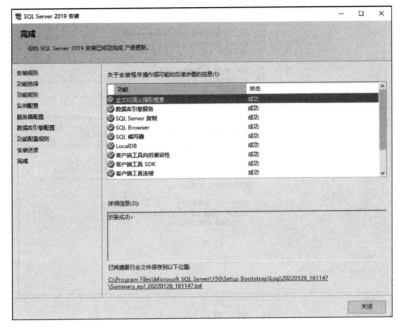

图 11-10　安装 MSSQL 服务器 -10

11.2　配置部署环境

11.2.1　安装 SSMS 工具

需要注意的是：若不是数据库管理员，可跳过本节软件安装介绍。该工具仅用于数据库管理员对数据进行全权维护与操作使用。

为了更方便地管理 SQL 服务器的数据库信息，请到微软官方网站下载最新版本的 SSMS（ SQL Server Management Studio ）工具进行安装，或通过互联网下载进行安装。

SSMS 工具既可以安装在 SQL Server 服务器计算机上，也可以安装在任何一台局域网内的计算机中。数据库管理员可通过该工具连接到 SQL 服务器，对 SQL 数据库进行操作与管理。

本书安装的版本为 SSMS 18.10 版本。本书采用已下载的安装包进行安装，双击

SSMS-Setup-CHS.exe 文件，进入【SQL Server 安装中心】对话框，选择【安装 SQL Server 管理工具】选项，如图 11-11 所示。

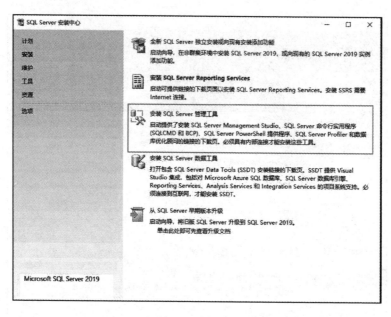

图 11-11   安装 SQL Server 管理工具 -1

在如图 11-12 所示对话框中，用户可根据实际安装与软件管理要求，对安装目录进行修改。本书将采用默认安装配置，将 SSMS 软件安装在 C 盘中。单击【安装】按钮。

图 11-12   安装 SQL Server 管理工具 -2

当安装完成后，软件将弹出如图 11-13 所示的提示框。检查当前操作系统下是否还有其他文件正在打开状态，逐一保存并关闭。单击【重新启动】按钮。

图 11-13　安装 SQL Server 管理工具 -3

系统重启完毕后，则继续接下来的配置操作。

11.2.2　配置 SQL Server

在⊞菜单下找到【Microsoft SQL Server 2019】程序组中的【SQL Server 2019 配置管理器】命令，单击该命令，如图 11-14 所示。

图 11-14　配置 SQL Server-1

在弹出的对话框中，展开左侧【SQL Server 网络配置】项，单击【EPL 的协议】，将右侧的【Named Pipes】和【TCP/IP】的【状态】修改为【已启用】，如图 11-15 所示。

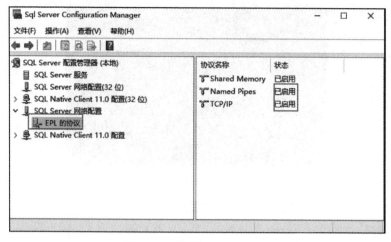

图 11-15　配置 SQL Server-2

单击左侧树形结构中的【SQL Server 服务】项，将右侧的【SQL Server 代理（EPL）】的【状态】设置为【正在运行】，【启动模式】设置为【自动】，如图 11-16 所示。

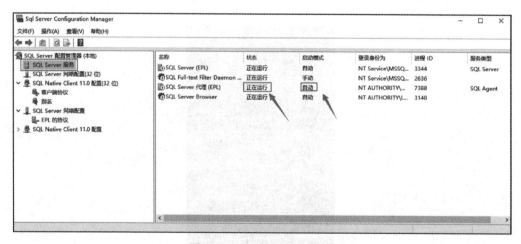

图 11-16　配置 SQL Server-3

配置完成后，若 SQL Server 配置器能正确显示，则跳转到第 11.2.3 节设置 Windows 防火墙端口，进行 Windows 防火墙端口设置。

若配置【状态】为【正在运行】时，弹出如图 11-17 所示的提示框，则按照接下来的配置方式进行修改系统配置信息。

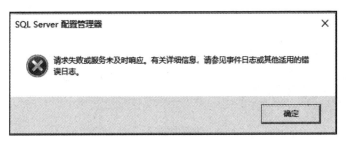

图 11-17 配置 SQL Server-4

确认当前服务器计算机的设备名称，单击田→【设置】→【系统】→【关于】命令，如图 11-18 和图 11-19 所示。记录设备名称，如图 11-19 方框中所示，【epl】为当前服务器设备名。

单击田菜单，并按键盘〈Win〉+〈R〉组合键。在弹出的【运行】对话框中输入【regedit】，单击【确定】按钮，如图 11-20 所示。

在打开的【注册表编辑器】中，从左边栏依次选择【HKEY_LOCAL_MACHINE】→【SOFTWARE】→【Microsoft】→【Microsoft SQL Server】→【MSSQL15.EPL】→【SQLServerAgent】，找到右边窗口的【ServerHost】键值并双击，在弹出的对话框中键入设备名称【EPL】，此处不区分大小写，如图 11-21 所示。单击【确定】。

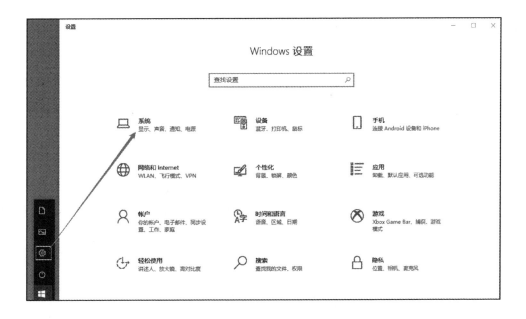

图 11-18 配置 SQL Server-5

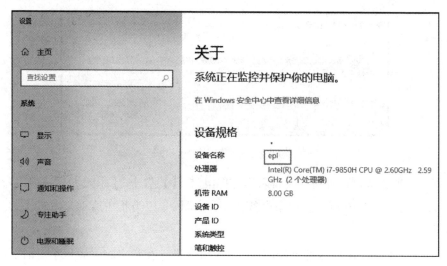

图 11-19　配置 SQL Server-6

图 11-20　配置 SQL Server-7

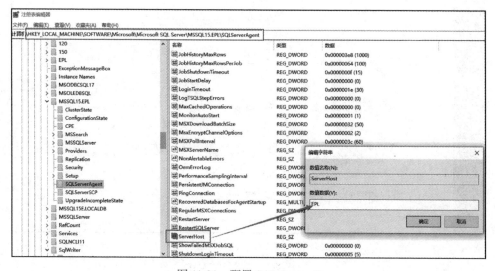

图 11-21　配置 SQL Server-8

再次回到图 11-16 所示的配置界面，启动【SQL Server 代理（EPL）】配置。

11.2.3　设置 Windows 防火墙端口

在局域网中使用 SQL Server 服务器时，需要开放从服务器到客户端经过的所有防火墙、杀毒软件及具有病毒防御功能的软件或硬件防火墙等的相关端口。本书以开启 Windows 防火墙端口为例进行介绍，其他防火墙、软件、路由等工具和设备的相关端口的开启，可参考相应工具的操作手册，或由该软件或硬件的专业技术工程师帮助完成。

在【Windows 设置】搜索栏中键入【防火墙】，选择【Windows Defender 防火墙】项，如图 11-22 所示。

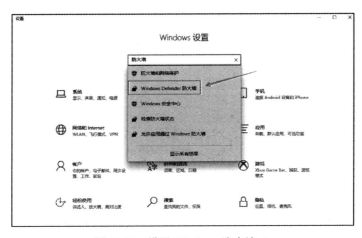

图 11-22　设置 Windows 防火墙 -1

在弹出的【Windows Defender 防火墙】对话框中选择【高级设置】命令，如图 11-23 所示。

图 11-23　设置 Windows 防火墙 -2

在【高级安全 Windows Defender 防火墙】对话框中，单击左侧的【入站规则】命令，再单击【新建规则】命令，如图 11-24 所示。

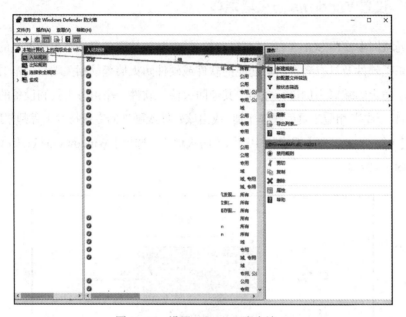

图 11-24　设置 Windows 防火墙 -3

在【新建入站规则向导】对话框中选中【端口】单选按钮，并单击【下一步】按钮，如图 11-25 所示。

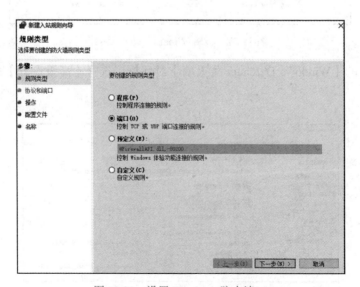

图 11-25　设置 Windows 防火墙 -4

在弹出的界面中选择规则应用于【TCP】，在【特定本地端口】栏输入【1433】，单击【下一步】按钮，如图 11-26 所示。

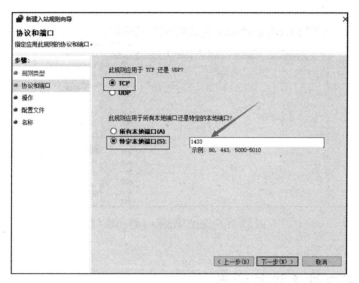

图 11-26　设置 Windows 防火墙 -5

在之后的对话框中继续单击【下一步】按钮，均采用默认设置，不做更改，直至出现如图 11-27 所示的对话框，为当前的入站规则创建名称，键入【SQL】，单击【完成】按钮。

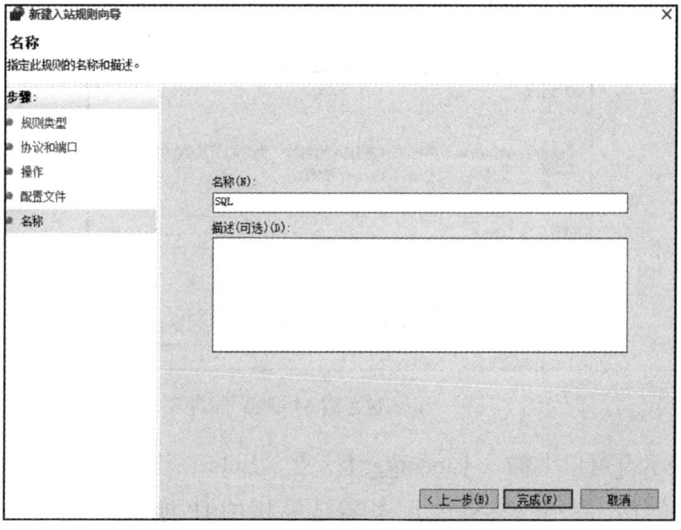

图 11-27　设置 Windows 防火墙 -6

此时，在入站规则中添加了一个名为【SQL】的规则，如图 11-28 所示。

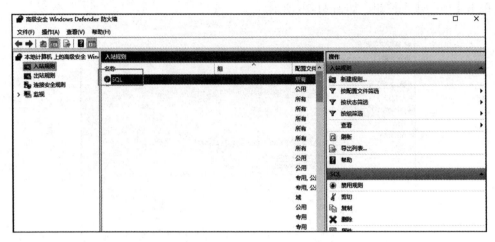

图 11-28   设置 Windows 防火墙 -7

11.3   客户端连接与使用

在进行客户端连接之前，首先确认安装了 MSSQL 数据库服务器的 IP 地址。

在 MSSQL 数据库服务器计算机中，单击 ⊞ 菜单，并按键盘〈win〉+〈R〉组合键。在弹出的【运行】对话框中键入【cmd】，单击【确定】按钮，打开命令提示符窗口，如图 11-29 所示。

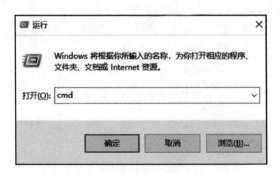

图 11-29   客户端连接 MSSQL 服务器 -1

在命令提示符窗口中输入【ipconfig】，按〈Enter〉键。在出现的配置信息中记录 IPv4 地址信息，本书 MSSQL 服务器计算机的 IP 地址为 192.168.40.153，如图 11-30 所示。

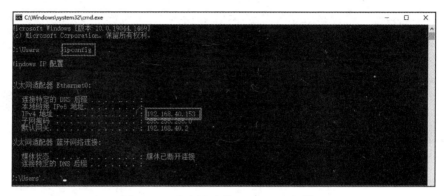

图 11-30　客户端连接 MSSQL 服务器 -2

验证连接：

在即将连接 MSSQL 服务器的客户端，打开如图 11-29 所示界面，单击【确定】按钮。

在命令提示符窗口中输入【ping 192.168.40.153】，若连接正常，则系统将如图 11-31 所示；否则，请 IT 工程师协助检查网络连接及防火墙配置，直至显示如图 11-31 所示。

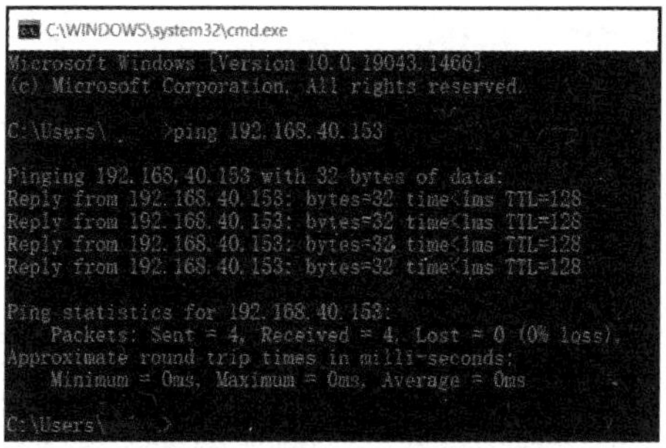

图 11-31　客户端连接 MSSQL 服务器 -3

若客户端显示如图 11-31 所示，则进行以下的客户端连接操作。

11.3.1　创建 MSSQL 部件库

在 EPLAN 预规划软件中打开部件管理器：单击菜单栏中【主数据】→【部件】→【管理】命令，如图 11-32 所示。

在弹出的【部件管理 -ESS_part001】对话框中，单击【附加】→【导出】命令，如图 11-33 所示。通过这一步操作将现有的部件库进行备份与导出。

图 11-32　EPLAN 部件库连接 SQL 数据库 -1

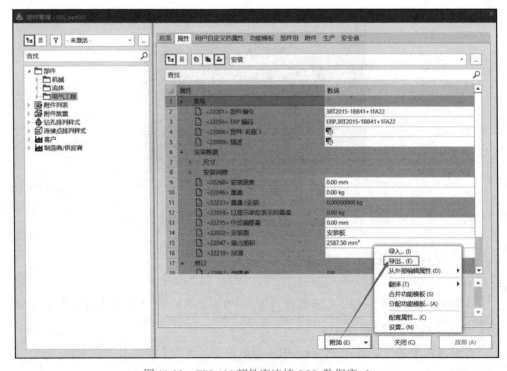

图 11-33　EPLAN 部件库连接 SQL 数据库 -2

在弹出的【导出数据集】对话框中选择导出部件库采用的文件类型，推荐采用【EPLAN Data Portal 交换格式（EDZ）】，该交换格式可以将部件库中所有的参数、文档、宏等整体导出与打包。本书采用 EDZ 格式，如图 11-34 所示。

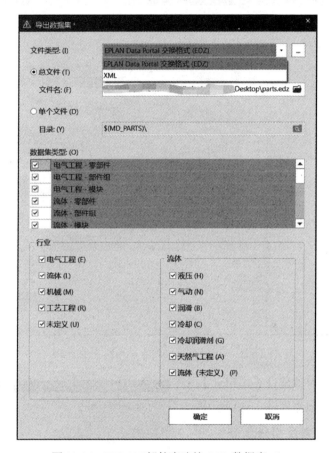

图 11-34　EPLAN 部件库连接 SQL 数据库 -3

两种数据导出、导入格式的差别：

XML：可将部件库所有部件的文字信息、配置信息打包，但不包括部件关联的宏、文档等外部文件；用时短。

EDZ：可将部件库完整打包，包含 XML 所导出的所有信息，以及部件所关联的宏、文档等外部文件；用时相对 XML 长。

设置好导出数据的存放路径后，单击【确定】按钮，直到导出操作全部结束，弹出【导出结束】对话框，单击【完成】按钮。

接下来，将部件库从本地模式切换到连接 SQL 数据库的模式。

在【部件管理 -ESS_part001】对话框中，单击【附加】→【设置】命令，如图
11-35 所示。

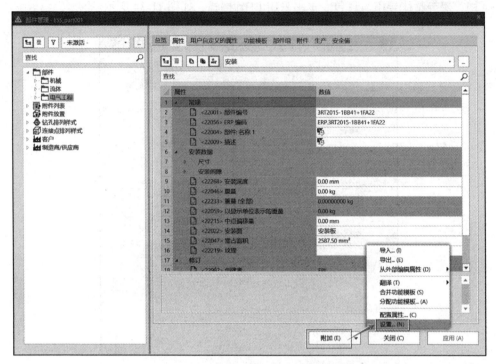

图 11-35   EPLAN 部件库连接 SQL 数据库 -4

在弹出的【设置部件（用户）】
对话框中，在【数据库源】选项组中
选中【SQL 服务器】单选按钮，并
单击右侧的【+】按钮新建一个空库，
用于存放部件信息，如图 11-36 所示。

在弹出的【生成 SQL 服务器数
据库】对话框中按照如图 11-37 所示
的格式，依次输入相关信息：

服务器：MSSQL 服务器 IP\ 数
据库实例名。

登录：SQL 服务器。

用户名和密码：安装 MSSQL 时

图 11-36   创建 MSSQL 部件库 -1

输入的 sa 帐号和对应的密码，可参考图 11-9。

　　数据库：新建的数据库名，本书将采用【EPLANParts】作为部件数据库的名。

　　信息输入完毕后，单击【确定】按钮。

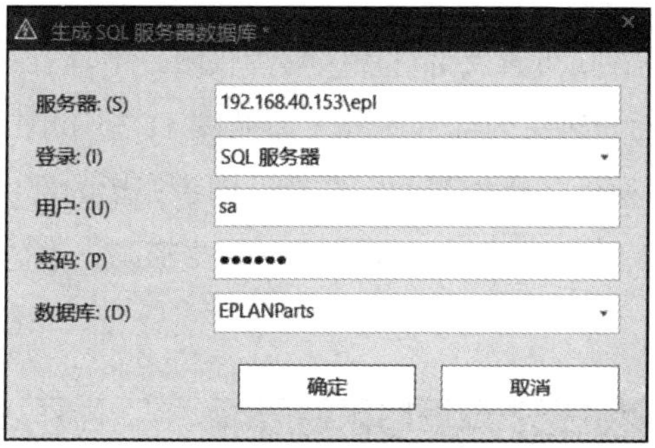

图 11-37　创建 MSSQL 部件库 -2

　　当数据库创建完毕后，则创建好的数据库信息被保存，并返回到部件库的设置界面，单击【确定】按钮，退出创建 SQL 部件库的操作，如图 11-38 所示。

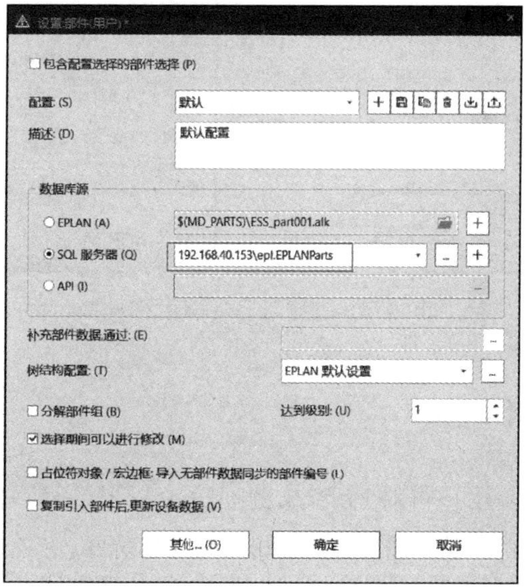

图 11-38　创建 MSSQL 部件库 -3

11.3.2　EPLAN 客户端连接 MSSQL 部件库

　　若用户有多人需要连接到该 SQL 部件库，建议 IT 工程师在 SQL 中建立如下权限差异化的帐号：

1）高级管理员：sa，具有对部件库全权操作属性，仅向部件库管理员开放。

2）普通管理员：A1、A2 等，具有对部件信息的新建、修改、删除权限，对部件库仅具有维护权限（读写权限）。

3）访客：Guest 等，仅可查阅部件库，只读权限，不具有对部件库的维护权限。

除高级管理员需要创建新的部件库外（参照图 11-36 和图 11-37），普通管理员及访客均参照图 11-39 所示的操作界面，选择已创建完毕的部件库进行使用。

在【用户】和【密码】栏填写相应的用户名及密码，【数据库】则通过下拉菜单进行选择。

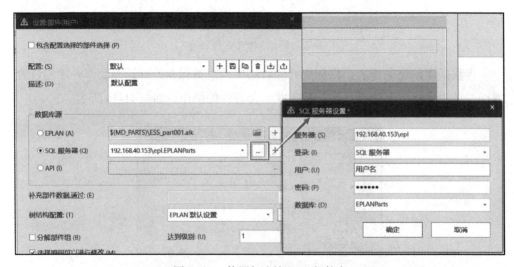

图 11-39　使用与连接 SQL 部件库

11.3.3　SSMS 软件连接

通过 SSMS 软件，用户可对 MSSQL 进行完全权限的管理操作，因此该工具仅限数据库管理员使用。普通管理员及访客可跳过本节介绍。

按如图 11-40 所示操作，找到相应的 SSMS 程序快捷图标，单击打开该程序。

在弹出的如图 11-41 所示的【连接到服务器】对话框中，依次填写相应的信息：

服务器名称：数据库服务器 IP\ 实例名。

身份验证：SQL Server 身份验证。

登录名：sa。

密码：高级管理员密码。

信息录入完毕后，单击【连接】按钮。

图 11-40　使用 SSMS 软件 -1

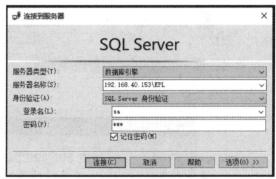

图 11-41　使用 SSMS 软件 -2

当看到如图 11-42 所示的界面后，数据库高级管理员可通过该工具查看并管理相应的数据库。具体的操作方法可参考微软官方网站针对该软件的操作指导。

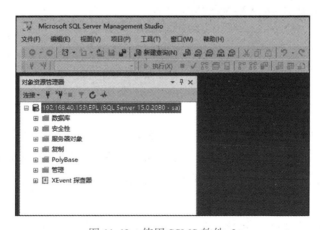

图 11-42　使用 SSMS 软件 -3

11.4　迁移本地部件库至 MSSQL 数据库

在完成了如图 11-34 所示的操作后，用户可以通过图 11-39 所示的方法，采用高级管理员或普通管理员的身份将部件库切换到新建完毕的 SQL 部件库中。本书将用 EPLAN Parts 库作为操作演示。

当数据库切换到 EPLAN Parts 库后，单击部件管理器的【附加】→【导入】命令，如图 11-43 所示。

在弹出的【导入数据集】对话框中，依次选择或填写相应的信息：

文件类型：EPLAN Data Portal 交换格式（EDZ）。

文件名：选中图 11-44 所示阶段导出的 parts.edz 文件。

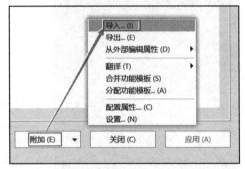

图 11-43　将部件库迁移至 SQL 库 -1

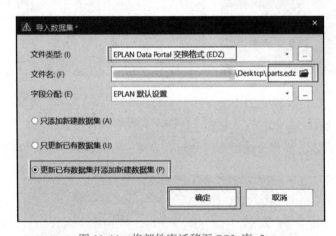

图 11-44　将部件库迁移至 SQL 库 -2

字段分配：EPLAN 默认设置。

导入方式：选中【更新已有数据集并添加新建数据集】单选按钮。

单击【确定】按钮，系统将自动开始将备份数据库文件导入 SQL 数据库中。

在导入之前，系统会提示【错误】信息，忽略即可，直接单击【确定】按钮，如图 11-45 所示。

该【错误】提示是系统预读到备份部件库中有些数据栏位未填写信息而造成的。

一般情况下，部件库在创建和使用时，并不一定要将所有栏位都填写。因此，当前导入时的【错误】提示，只是提醒有空栏位，但并不影响本身已有数据的栏位的信息导入。

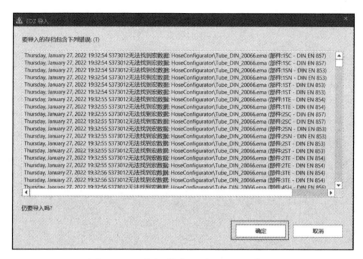

图 11-45　将部件库迁移至 SQL 库 -3

系统导入成功后，进度条自动关闭，导入界面将自动退出，操作界面将回到部件管理器界面中。单击【关闭】按钮，关闭部件管理器即可。此时，原部件库数据已从本地 alk 库成功迁移到 MSSQL 数据库中。

操作建议：

1）MSSQL 服务器应在局域网中，它是独立、专用的数据服务器，由专业的 IT 工程师进行部署。

2）MSSQL 服务器的安装、配置、防火墙设置、创建数据库管理与访问帐号等操作，应由专业的数据库管理员部署、设置与管理。

3）用户创建 MSSQL 部件数据库、迁移部件库至 MSSQL 部件数据库时应由专业的数据库管理员指导与配合。

4）数据库管理员应根据企业的 IT 管理要求，定期对该部件库进行备份及索引更新操作。